Lamine Ammour

Commande non linéaire d'un système de suspension active de véhicule

Lamine Ammour

Commande non linéaire d'un système de suspension active de véhicule

Commande par mode de glissement

Presses Académiques Francophones

Imprint
Any brand names and product names mentioned in this book are subject to trademark, brand or patent protection and are trademarks or registered trademarks of their respective holders. The use of brand names, product names, common names, trade names, product descriptions etc. even without a particular marking in this work is in no way to be construed to mean that such names may be regarded as unrestricted in respect of trademark and brand protection legislation and could thus be used by anyone.

Cover image: www.ingimage.com

Publisher:
Presses Académiques Francophones
is a trademark of
International Book Market Service Ltd., member of OmniScriptum Publishing Group
17 Meldrum Street, Beau Bassin 71504, Mauritius
Printed at: see last page
ISBN: 978-3-8416-3628-7

Copyright © Lamine Ammour
Copyright © 2015 International Book Market Service Ltd., member of OmniScriptum Publishing Group

THÈME

Commande non linéaire d'un système de suspension active de véhicule

Par :

Mr AMMOUR Lamine

TABLE DES MATIERES

INTRODUCTION GENERALE. — 14

CHAPITRE I : STRUCTURE ET MODELISATION DES SUSPENSIONS DE VEHICULES

I.1 Introduction — 16
I.2 Les différents types de suspension — 17
I.3 Modélisation de la suspension
   I.3.1 Modélisation linéaire de la suspension — 19
      I.1.3.1 Modèle de quart de véhicule ou mono roue — 19
   I.1.3.2 Modèle de demi véhicule — 20
      I.1.3.3 Modèle de véhicule complet — 23
   I.3.2 Modélisation non linéaire
   I.3.2.1 Concept de la dynamique de l'Actionneur — 27
      I.3.2.2 Modèle non linéaire de quart de véhicule — 29
   I.3.2.3 Modèle non linéaire de demi de véhicule — 29
      I.3.2.4 Modèle non linéaire de véhicule complet — 32
I.4 Conclusion — 34

CHAPITRE II : ASPECT DE LA COMMANDE PAR MODE DE GLISSEMENT

II.1 Introduction — 35
II.2 Théorie de la commande par mode de glissement — 35
   II.2.1 système a structure variable — 35
II.3 Conception de la commande
   II.3.1 Choix de surface — 37
II.3.2 condition d'existence et de convergence — 38
II.3.3 Calcule de la commande — 39
II.3.4 définition des grandeurs de commande — 40
II.4 Phénomène de chattering — 43
   II.4.1 Commande classique — 43
II.4.2 Commande adoucie — 44
II.5 Conclusion — 45

CHPITRE III: COMMANDE CENTRALISEE PAR MODE DE GLISSEMENT

III.1 Introduction — 46
III.2 Système quart de véhicule — 48

III.2.1 simulation du modèle quart de véhicule……….....…..........................	53
III.2.2. interprétation des résultats……………....…..............................	62
III.3 système demi véhicule ………………………………………………..	63
III.4 Système complet …………………………………………………….	68
III.5 Simulations non linéaire du modèle de demi de véhicule..............................	76
III.6 Simulation non linéaire du modèle de véhicule complet.................. ……….	90
III.7 interprétation des résultats ………………………………………………	
III.7.1 demi véhicule ……………………………………………………….	97
III.7.2 véhicule complet ……………………………………………………	97
III.8. Conclusion…....…………...……………………………………........	98
CHAPITRE IV: COMMANDE DECENTRALISEE PAR MODE DE GLISSEMENT	
IV.1 Introduction……………………………......…...........................	99
IV.2 système demi véhicule …………………………………………………..	99
IV.3 Système complet ……………………………………………… ……………..	100
IV.4 Simulations non linéaire du modèle de demi de véhicule..............................	104
IV.5 Simulation non linéaire du modèle de véhicule complet.................. ……….	118
IV.6. Interprétation des résultats………………………………………………	126
Conclusion……………………………………………………………….	127
IV.6.3 Modèle du quart de véhicule………………………………………………	
IV.6.3-a Critères……………………………………………………........	127
IV.6.3-b Comparaison des valeurs des critères de performances....................	128
IV.6.4 Modèle du demi de véhicule………..….……………………..........	
IV.6.4-a Critères……………………………………………….………..	129
IV.6.4-b Comparaison des valeurs des critères de performances………......	130
IV.6.5 Modèle du véhicule complet…………………….....………………….	
IV.6.5-a Critères……………………………………………………	133
IV.6.5-b Comparaison des valeurs des critères de performances…………	134
CONCLUSION GENERALE……………………………………………........	137
BIBLIOGRAPHIE	139

Liste des figures :

1.1	La suspension passive	17
1.2	La suspension semi active.	18
1.3	Les différents types de suspension active.	18
1.4	Modèle de quart de véhicule.	19
1.5	Modèle de demi-véhicule.	21
1.6	Modèle de véhicule complet.	24
1.7	Actionneur Hydraulique.	27
2.1	Mode de glissement	36
2.2	La commande appliquée au système	39
2.3	La commande équivalente	40
2.4	La commande classique	43
2.5	La Fonction sign de la commande adoucie	44
3.1	Structure de régulateur quart de véhicule	48
3.2	Ralentisseur échelon (0.05m)	52
3.3	Ralentisseur dos d'âne 10km/h	52
3.4	Ralentisseur dos d'âne 5km/h	52
3.5	Réponse temporelle des différents paramètres(1/4) à un passage sur un trottoir 0.05 m (système passive)	53
3.6	Réponse temporelle des différents paramètres(1/4) à un passage sur un dos d'âne 0.05 m (système passive)	53
3.7	Réponse temporelle des différents paramètres(1/4) à un passage sur un trottoir 0.05 m (système avec actionneur U=0 , t=6s)	54
3.8	Réponse temporelle des différents paramètres(1/4) à un passage sur un trottoir 0.05 m	54

	(système avec actionneur U=0, t=600s)	
3.9	Réponse des différents paramètres(1/4) à un passage sur un dos d'âne (ε =30, ΔMs=0kg, v=10km/h)	55
3.10	Réponse des différents paramètres(1/4) à un passage sur un dos d'âne (ε =10, ΔMs=0kg, v=10km/h)	55
3.11	Réponse des différents paramètres(1/4) à un passage sur un dos d'âne (ε =30, ΔMs=0kg, v=5km/h)	56
3.12	Réponse des différents paramètres(1/4) à un passage sur un dos d'âne (ε =10, ΔMs=0kg, v=5km/h)	56
3.13	Réponse des différents paramètres(1/4) à un passage sur un dos d'âne (ε =30, ΔMs=100kg, v=10km/h)	57
3.14	Réponse des différents paramètres(1/4) à un passage sur un dos d'âne (ε =10, ΔMs=100kg, v=10km/h)	57
3.15	Réponse des différents paramètres(1/4) à un passage sur un dos d'âne (ε =30, ΔMs=0kg, v=10km/h avec SAT)	58
3.16	Réponse des différents paramètres(1/4) à un passage sur un dos d'âne (ε =10, ΔMs=0kg, v=10km/h avec SAT)	58
3.17	Réponse des différents paramètres(1/4) à un passage sur un dos d'âne (ε =30, ΔMs=0kg, v=5km/h avec SAT)	59
3.18	Réponse des différents paramètres(1/4) à un passage sur un dos d'âne (ε =10, ΔMs=0kg, v=5km/h avec SAT)	59
3.19	Réponse des différents paramètres(1/4) à un passage sur un dos d'âne (ε =30, ΔMs=100kg, v=10km/h avec SAT)	60
3.20	Réponse des différents paramètres(1/4) à un passage sur un dos d'âne (ε =10, ΔMs=100kg, v=10km/h avec SAT)	60
3.21	Réponse des différents paramètres(1/4) à un passage sur un échelon (ε =30, ΔMs=0kg, v=10km/h)	61
3.22	Réponse des différents paramètres(1/4) à un passage sur un échelon (ε =10, ΔMs=0kg, v=10km/h)	61
3.23	Structure de régulateur demi véhicule	63
3.24	Structure de régulateur véhicule complet	68
3.25	Ralentisseur trottoir (1/2)	75
3.26	Ralentisseur Dos d'âne 5km/h (1/2)	75
3.27	Ralentisseur Dos d'âne 10Km/h (1/2)	75

3.28 Réponse des différents paramètres(1/2) à un passage sur un dos d'âne (ε=30, ΔMs=0kg, v=10km/h) ... 76

3.29 Réponse des différents paramètres(1/2) à un passage sur un dos d'âne (ε=10, ΔMs=0kg, v=10km/h) ... 77

3.30 Réponse des différents paramètres(1/2) à un passage sur un dos d'âne (ε=30, ΔMs=0kg, v=10km/h avec SAT) ... 78

3.31 Réponse des différents paramètres(1/2) à un passage sur un dos d'âne (ε=10, ΔMs=0kg, v=10km/h avec SAT) ... 79

3.32 Réponse des différents paramètres(1/2) à un passage sur un dos d'âne (ε=30, ΔMs=200kg, v=10km/h) ... 80

3.33 Réponse des différents paramètres(1/2) à un passage sur un dos d'âne (ε=30, ΔMs=200kg, v=10km/h avec SAT) ... 81

3.34 Réponse des différents paramètres(1/2) à un passage sur un dos d'âne (ε=10, ΔMs=200kg, v=10km/h avec SAT) ... 82

3.35 Réponse des différents paramètres(1/2) à un passage sur un dos d'âne (ε=30, ΔMs=0kg, v=5km/h) ... 83

3.36 Réponse des différents paramètres(1/2) à un passage sur un dos d'âne (ε=10, ΔMs=0kg, v=5km/h) ... 84

3.37 Réponse des différents paramètres(1/2) à un passage sur un dos d'âne (ε=30, ΔMs=0kg, v=5km/h avec SAT) ... 85

3.38 Réponse des différents paramètres(1/2) à un passage sur un dos d'âne (ε=10, ΔMs=0kg, v=5km/h avec SAT) ... 86

3.39 Réponse des différents paramètres(1/2) à un passage sur un trottoir (ε=30, ΔMs=0kg, v=10km/h) ... 87

3.40 Réponse des différents paramètres(1/2) à un passage sur un trottoir (ε=10, ΔMs=0kg, v=10km/h) ... 88

3.41 Ralentisseur Dos d'âne (système complet) ... 89

3.42 Ralentisseur Trottoir (système complet) ... 89

3.43 Réponse des différents paramètres(complet) à un passage sur un dos d'âne (ε=30, ΔMs=0kg, v=10km/h) ... 90

3.44 Réponse des différents paramètres(complet) à un passage sur un dos d'âne (ε=10, ΔMs=0kg, v=10km/h) ... 91

3.45 Réponse des différents paramètres(complet) à un passage sur un dos d'âne (ε=30, ΔMs=0kg, v=10km/h avec SAT) ... 92

3.46	Réponse des différents paramètres(complet) à un passage sur un dos d'âne (ε =30, ΔMs=400kg, v=10km/h)	93
3.47	Réponse des différents paramètres(complet) à un passage sur un dos d'âne (ε =10, ΔMs=400kg, v=10km/h)	94
3.48	Réponse des différents paramètres(complet) à un passage sur un dos d'âne (ε =30, ΔMs=400kg, v=10km/h avec SAT)	95
3.49	Réponse des différents paramètres(complet) à un passage sur un dos d'âne (ε =30, ΔMs=0kg, v=5km/h)	96
4.1	Structure du régulateur décentralisé (1/2 véhicule)	99
4.2	Structure du régulateur décentralisé (véhicule complet)	100
4.3	Réponse des différents paramètres(1/2) à un passage sur un dos d'âne (ε =30, ΔMs=0kg, v=10km/h)	104
4.4	Réponse des différents paramètres(1/2) à un passage sur un dos d'âne (ε =10, ΔMs=0kg, v=10km/h)	105
4.5	Réponse des différents paramètres(1/2) à un passage sur un dos d'âne (ε =30, ΔMs=0kg, v=10km/h avec SAT)	106
4.6	Réponse des différents paramètres(1/2) à un passage sur un dos d'âne (ε =10, ΔMs=0kg, v=10km/h)	107
4.7	Réponse des différents paramètres(1/2) à un passage sur un dos d'âne (ε =30, ΔMs=200kg, v=10km/h)	108
4.8	Réponse des différents paramètres(1/2) à un passage sur un dos d'âne (ε =10, ΔMs=200kg, v=10km/h)	109
4.9	Réponse des différents paramètres(1/2) à un passage sur un dos d'âne (ε =30, ΔMs=200kg, v=10km/h avec SAT)	110
4.10	Réponse des différents paramètres(1/2) à un passage sur un dos d'âne (ε =10, ΔMs=200kg, v=10km/h avec SAT)	111
4.11	Réponse des différents paramètres(1/2) à un passage sur un dos d'âne (ε =30, ΔMs=0kg, v=5km/h)	112
4.12	Réponse des différents paramètres(1/2) à un passage sur un dos d'âne (ε =10, ΔMs=0kg, v=5km/h)	113
4.13	Réponse des différents paramètres(1/2) à un passage sur un dos d'âne (ε =30, ΔMs=0kg, v=5km/h avec SAT)	114
4.14	Réponse des différents paramètres(1/2) à un passage sur un dos d'âne (ε =10,	115

	ΔMs=0kg, v=5km/h avec SAT)	
4.15	Réponse des différents paramètres(1/2) à un passage sur un trottoir (ϵ=30, ΔMs=0kg, v=10km/h)	116
4.16	Réponse des différents paramètres(1/2) à un passage sur un Trottoir (ϵ=10, ΔMs=0kg, v=10km/h)	117
4.17	Réponse des différents paramètres(complet) à un passage sur un dos d'âne (ϵ=30, ΔMs=0kg, v=10km/h)	118
4.18	Réponse des différents paramètres(complet) à un passage sur un dos d'âne (ϵ=10, ΔMs=0kg, v=10km/h)	119
4.19	Réponse des différents paramètres(complet) à un passage sur un dos d'âne (ϵ=30, ΔMs=0kg, v=10km/h avec SAT)	120
4.20	Réponse des différents paramètres(complet) à un passage sur un dos d'âne (ϵ=30, ΔMs=400kg, v=10km/h)	121
4.21	Réponse des différents paramètres(complet) à un passage sur un dos d'âne (ϵ=10, ΔMs=400kg, v=10km/h)	122
4.22	Réponse des différents paramètres(complet) à un passage sur un dos d'âne (ϵ=30, ΔMs=400kg, v=10km/h avec SAT)	123
4.23	Réponse des différents paramètres(complet) à un passage sur un dos d'âne (ϵ=30, ΔMs=0kg, v=5km/h)	124
4.24	Réponse des différents paramètres (complet) à un passage sur trottoir (ϵ=30, ΔMs=0kg, v=10km/h)	125

Liste des tableaux

4.1	: Tableau comparatif (système ¼) des critères de performance pour une entrée dos d'âne (ΔMs= 0et v=10km/h).	128
4.2	: Tableau comparatif (système ¼) des critères de performance pour une entrée dos d'âne (ΔMs= 100Kg et v=10km/h).	128
4.3	: Tableau comparatif (système ¼) des critères de performance pour une entrée dos d'âne (ΔMs=0 kg et v=5 km/h).	128
4.4	: Tableau comparatif (système 1/2) des critères de performance pour une entrée dos d'âne (ΔMs =0 et v=10 km/h).	130
4.5	: Tableau comparatif (système 1/2) des critères de performance pour une entrée dos d'âne (ΔMs=200kg et v=10 km/h).	131
4.6	: Tableau comparatif (système 1/2) des critères de performance pour une entrée dos d'âne (ΔMs=0 kg et v=5 km/h).	132
4.7	: Tableau comparatif (système complet) des critères de performance pour une entrée dos d'âne (ΔMs=0 et v=10 km/h).	134
4.8	Tableau comparatif (système complet) des critères de performance pour une entrée dos d'âne (ΔMs=400 kg et v=10 km/h).	135
4.9	Tableau comparatif (système complet) des critères de performance pour une entrée dos d'âne (ΔMs=0 et v=5 km/h).	136

Notations et définitions :

Ms : Masse de la caisse.

Mus : Masse de la roue.

Z : Position vertical de la caisse au centre de gravité.

Z_{uf} : Position vertical de la roue avant pour le modèle ½ véhicule.

Z_{ur} : Position vertical de la roue arrière pour le modèle ½ véhicule.

Z_{urr} : Position vertical du profil de la route de la roue arrière droite pour le modèle complet de véhicule.

Z_{url} : Position vertical du profil de la route de la roue arrière gauche pour le modèle complet de véhicule.

Z_{ufr} : Position vertical du profil de la route de la roue avant droite pour le modèle complet de véhicule.

Z_{ufl} : Position vertical du profil de la route de la roue avant gauche pour le modèle complet de véhicule.

Z_{rrr} : Composante vertical du profil de la route de la roue arrière droite pour le modèle complet de véhicule.

Z_{rrl} : Composante vertical du profil de la route de la roue arrière gauche pour le modèle complet de véhicule.

Z_{rfr} : Composante vertical du profil de la route de la roue avant droite pour le modèle complet de véhicule.

Z_{rfl} : Composante vertical du profil de la route de la roue avant gauche pour le modèle complet de véhicule.

z_c : Position vertical de la caisse au centre de gravité

Zw : Position vertical de la roue.

Zr : Composante vertical du profil de la route pour le modèle ¼ de véhicule.

Xr : Composante vertical du profil de la route pour le modèle ¼ de véhicule.

Ks : Raideur de la suspension pour le modèle ¼ de véhicule.

K_f : Raideur de la suspension avant pour le modèle 1/2 de véhicule.

K_r : Raideur de la suspension arrière pour le modèle 1/2 de véhicule.

K_{sf} : Raideur de la suspension avant pour les modèles 1/2 et complet de véhicule.

K_{sr} : Raideur de la suspension arrière pour les modèles 1/2 et complet de véhicule.

Kus : Raideur du pneumatique pour le modèle ¼ de véhicule.

K_u : Raideur du pneumatique pour les deux modèles ½ et complet de véhicule.

Bs : Coefficient d'amortissement pour le modèle ¼ de véhicule.

B_r : Coefficient d'amortissement arrière pour le modèle 1/2 de véhicule.

B_f : Coefficient d'amortissement avant pour le modèle 1/2 de véhicule.

B_{sf} : Coefficient d'amortissement pour les deux roues avant pour le modèle complet.

B_{sr} : Coefficient d'amortissement pour les deux roues arrière pour le modèle complet

Fa : Force généré par l'amortisseur pour le modèle ¼ de véhicule.

f_f : Force généré par l'amortisseur avant pour le modèle 1/2 de véhicule.

f_r : Force généré par l'amortisseur arrière pour le modèle 1/2 de véhicule.

f_{rr} : Force généré par l'amortisseur arrière droite pour le modèle complet de véhicule.

f_{fr} : Force généré par l'amortisseur avant droite pour le modèle complet de véhicule.

f_{rl} : Force généré par l'amortisseur arrière gauche pour le modèle complet de véhicule.

f_{fl} : Force généré par l'amortisseur avant gauche pour le modèle complet de véhicule.

J_y : Le moment d'inertie.

θ : Angle de tangage.

φ : Angle de roulis.

r_y : Rayon de giration

P_L : La chute de pression qui pousse le piston.

A : La surface du piston.

Ap : La surface du piston pour toute les roues dans les modèles ½ et complet.

Q : Le flux hydraulique du liquide utilisé dans le piston.

V_t : est le volume total de l'actionneur,

β_e : un coefficient qui caractérise le module en bloc efficace

C_d : le coefficient de décharge.

ω : est le gradient de surface de la valve

P_s : La pression d'approvisionnement allant dans la soupape pour le modèle ¼ de véhicule.

P_{sf} : La pression d'approvisionnement allant dans la soupape avant pour les modèle ½ et complet de véhicule.

P_{sr} : La pression d'approvisionnement allant dans la soupape arrière pour les modèle ½ et complet de véhicule.

P_r : La pression de renvoi allant hors de la soupape.

ρ : la densité du liquide.

x_v : Est le déplacement du piston de la valve

C_{tp} : Coefficient de fuite de piston.

τ : Constante de temps

I_{sv} : Courant de commande.

k_{sv} : Coefficient multiplicatif par le courant de commande.

u : La commande pour le modèle ¼ de véhicule.

u_r : La commande arrière pour le modèle 1/2 de véhicule.

u_{rr} : La commande arrière droite pour le modèle complet de véhicule.

u_{rl} : La commande arrière gauche pour le modèle complet de véhicule.

u_{fr} : La commande avant droite pour le modèle complet de véhicule.

u_{fl} : La commande avant gauche pour le modèle complet de véhicule.

u_f : La commande avant pour le modèle 1/2 de véhicule.

ε : coefficient de configuration de système.

S :Surface de glissement

u Loi de commande

Ueq Grandeur de commande équivalente

Un Commande non linéaire

U Commande global

V(x) Fonction de lyapunov

INTRODUCTION GENERALE

Durant le siècle passé, il y avait intérêt particulier d'utiliser l'automatique avancée afin d'améliorer les performances du système de suspension des véhicules, cette performance a été augmentée grandement suite aux capacités croissantes des véhicules.

Plusieurs caractéristiques des performances doivent être prises en considération pour réaliser un bon système de suspension,notamment, le réglage du mouvement du corps, le réglage de la suspension et la distribution de la force.
Idéalement, la suspension devrait isoler le corps des problèmes de la route et troubles inertiels associés aufreinage ou à l'accélération, comme elle doit être capable de minimiser la force verticale transmise aux passagers, ces objectifs peuvent être accomplis en minimisant l'accélération verticale du corps de la voiture.
Pour résoudre le problème précité, des systèmes de suspension actifs dynamiques ont été proposés. Ces derniers répondent aux changements dans les profils de la route puisqu'ils ont la capacité de fournir l'énergie qui peut être utilisée pour produire le mouvement relatif entre le corps et la roue .Typiquement actif, ces systèmes incluent des sondes de mesure des variables de la suspension telles que, la vitesse du corps et de la roue, le déplacement de la suspension et accélération du corps ou de la roue.

Dans ce travail, nous nous intéressons à appliquer une des commandes non linéaires à la suspension active d'automobile, ou les systèmes électro hydrauliques sont de plus en plus exploités. Nous avons visé la commande de la suspension active. En fait, les grands fabricants ainsi que les chercheurs, poussent assez largement leurs études dans cette application, étant donné la compétition qui existe pour combiner le confort des passagers et l'adhérence à la route en même temps. Il existe plusieurs modèles mathématiques et plusieurs stratégies de commande dans la littérature pour les suspensions actives.

Parmi les stratégies de commande classique, le placement de pôles a été utilisé par Leite et Peres (2002)[1],mais dans leur approche la dynamique de l'actionneur hydraulique était négligée .Dans les commandes robustes ,Abdellahi et al (2000)[2]ont employé la synthèse par H_2 et H_∞
les résultats obtenus étaient très satisfaisants , sauf que ces stratégies utilisent des modèles mathématiques linéarisés ,qui ne sont valides qu'autour d'un certain point de fonctionnement

et par suite ne prennent pas en considération toute la dynamique du système .De même le contrôleur LQG avec la méthode des perturbations singulières a été implanté par Ando et Suzuki (1996)[3].Cependant là aussi, la dynamique de l'actionneur a été négligée ce qui réduisait par conséquent l'efficacité du contrôleur.

Dans la commande non linéaire ,Fialho et Balas (2002)[4]ont utilisé la commande LPVcombiné avec le backstepping , pour une suspension active, Le LPV consiste à écrire le système variant , linéairement en fonction de ses paramètres et à utiliser ensuite une certaine stratégie de commande , qui était le backsteppingdans ce cas. Ce dernier est classé parmi les stratégies de commande non linéaire les plus robustes . Les auteurs Lin et Kanellakopoulos (1997)[5]se sont basé sur cette approche pour la commande d'une suspension active electrohydraulique . En effet, Ils ont analysé le problème de tous les cotés, en considérant au début un modèle mathématique simplifié, et ensuite un modèle non linéaire plus complet.

Sans la première phase , ils ont établi un modèle linéaire simple en négligeant la dynamique de l'actionneur. Le but était de vérifier si l'absence de cette dynamique éloigne le modèle mathématique de la réalité ou non .le résultat était quant même attendu ;quant ils ont implanté le contrôleur en temps réel , les résultats étaient loin de ceux obtenus en simulation .C'est pourquoi dans une deuxième phase ils ont considéré un modèle complet qui inclut la dynamique de tous les composants du système .Ceci a engendré avec un système à 6 variables d'état au lieu de 4 comme dans la première phase. Quant à l'application du backstepping, il s'est révélé que seulement 4 des 6 variables d'état peuvent être stabilisées par cette approche, étant donné la structure du modèle mathématique .Par conséquent , peu importe le choix de la variable contrôlée .

L'objectif de notre travail consiste à appliquer de la commande par mode glissantà la suspension active de véhicule.

Le premier chapitre présente les différents modèles de suspensions active (quart , demi et complet).

Dans le second chapitre, nous présentons l'aspect de la commande par mode glissement

Il sera exposé dans le troisième chapitre la commande centralisée par mode de glissem ent appliquée aux différents modèles (demi –complet).

La quatrième chapitre traite la commande décentralisée par mode de glissement

Enfin, ce travail sera clôturé par une conclusion générale

Chapitre 1

STRUCTURE ET MODELISATION DES SUSPENSIONS DE VEHICULES

I.1 Introduction:

La fonction d'un système de suspension dans un véhicule est d'une part, d'isoler la structure et les occupants des chocs et des vibrations provoquées par les irrégularités de la couche de surface, et d'une part, de maintenir la stabilité et le contrôle de direction tout en gardant les pneus en contact avec la route avec les variations minimales de charge, le maintien de la stabilité consiste à réagir aux forces longitudinales (accélération et frein) et latéral (virage) produites par les pneus et le châssis.

Chaque roue est donc branchée au corps intégral d'un véhicule par un système de tiges pour contrôler la cinématique du mouvement de suspension, et un système de ressorts et d'amortisseurs pour fournir la flexibilité, l'exigence fondamentale est satisfaite par des ressorts et amortisseurs et la seconde est réalisée en contrôlant les mouvement relatifs entre la masse non suspendue et la masse suspendue.

Une automobile est considérée comme système à deux masses ; la masse suspendue et considérée comme corps rigide supporté par le système de suspension, et la masse non suspendue est prise comme bâti rigide qui peut être défini en gros par ce qu'elle est entre la route et les ressorts de suspension principaux .cependant, les masses suspendues et les non suspendues peuvent inclure les poids des ressort et les liaisons.

Les principaux mouvements linéaires et angulaires du véhicule dans l'espace généralement pris en compte sont :
1. les déplacements verticaux (roulis).
2. les déplacements latéraux (lacet).
3. les déplacements longitudinaux (tangage).

I.2 Les différents types de suspension :

De nos jours, il existe trois types de suspensions[6,7,30,31,32] qui sont classées selon l'apport externe de force ou bien d'énergie. La suspension passive, la suspension semi active et la suspension active. La modélisation verticale du pneu peut être un ressort en parallèle avec un amortisseur. En pratique, la raideur du ressort est généralement considérée comme constante et son amortissement est souvent négligeable (pour éviter l'échauffement du pneumatique).

- **Suspension passive**: la majorité des articles traitant des suspensions actives utilisent un modèle de quart de véhicule avec deux dégrée de liberté comme illustré à la figure1.1, l'entrée du système estle mouvement vertical de la route sous le pneu. Le modèle est composée de deux masses distinctes. La masse non suspendue Mu représente la masse du pneu et de la jante .La masse suspendue Ms représente la masse de châssis supportée par la roue en question. Le pneu modélisé par un ressort linéaire de constante Kus situé entre la masse non suspendue et la route. L'amortissement du pneu est considéré comme négligeable. La suspension proprement dite est composée d'un ressort en parallèle avec un amortisseur linéaire Ks et Bs située entre la masse suspendue et non-suspendue.

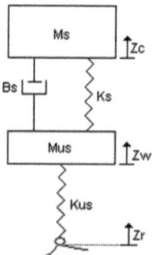

Figure 1.1: la suspension passive.

- **Suspension semi active** (figure 1.2):Une suspension semi-active est généralement constituée d'un élémentpassif , assimilable à un ressort , et un amortisseur semi-active.
Un amortisseur semi active, tout comme l'amortisseur passif, ne peut que dissiper de l'énergie en produisant une force qui s'oppose à la vitesse relative entre la caisse et la roue.Mais contrairement à un amortisseurpassif , cette force est modulable d'où le nom « semi active »

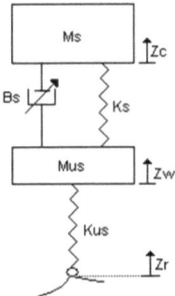

Figure 1.2: la suspension semi active.

- **Suspension active** :Ce modèle est semblable au modèle Passif mais inclut un actionneur tel qu'illustré à la figure (1.3).

L'actionneur applique une force Fa entre les masses suspendues et non suspendues.

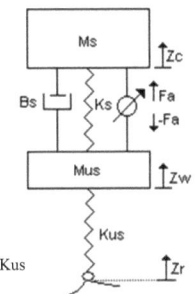

Figure 1.3 :La suspension active

I.3 Modélisation de la suspension:

I 3.1 Modélisation linéaire de la suspension :

Dans un modèle linéaire, on ne tient pas compte de la dynamique non linéaire des actionneurs hydrauliques, et on considère des petites variations des angles de tangage et de roulis.

I3.1.1 Modèle linéaire du quart de véhicule :

Le modèle quart de véhicule[8,9,10,33,34,35] choisi est a deux degrés de liberté (Figure 1.4) ; il prend en compte le mouvement vertical de la caisse et celui de la roue,

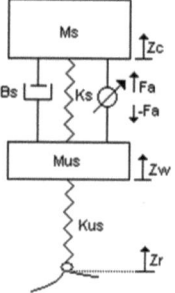

Figure 1.4: Modèle de quart de véhicule.

La dynamique linéaire de ce modèle est décrite par les équations suivantes:

$$\begin{cases} Ms.\ddot{Z}c = Ks.(Zw-Zc) + Bs.(\dot{Z}w - \dot{Z}c) + Fa \\ Mus.\ddot{Z}w = Kus.(Zr-Zw) - Ks(Zw-Zc) - Bs(\dot{Z}w - \dot{Z}c) - Fa \end{cases} \quad (1.1)$$

Si $Fa = 0$, le système devient passif.

La représentation d'état associée aux équations (1.1) est:

$$\dot{X} = A.X + B.U + B_d.d$$

Si on pose:

$$X_1 = Z_c, \quad X_2 = \dot{Z}_c, \quad X_3 = Z_w, \quad X_4 = \dot{Z}_w$$

Le système d'état devient donc (1.2):

$$\begin{cases} \dot{X}_1 = X_2. \\ \dot{X}_2 = -\dfrac{1}{M_s}(Bs(X_2 - X_4) + Ks(X_1 - X_3) - Fa). \\ \dot{X}_3 = X_4. \\ \dot{X}_4 = \dfrac{1}{M_{us}}(Bs(X_2 - X_4) + Ks(X_1 - X_3) - Kus(X_3 - Xr) + Fa). \end{cases} \quad (1.2)$$

Ou la commande $U = Fa$ et le profil de la route (perturbation) $Xr = d$

I3.1.2 Modèle linéaire du demi véhicule:

Selon les mouvements pris en compte[11,12,13,14,36], deux modèles peuvent être définis.

- Le modèle de type essieu, qui permet de prendre en compte, en plus des mouvements verticaux, les mouvements de roulis de la caisse et de l'essieu.

- Le modèle de type bicyclette, qui permet de prendre en compte, en plus des mouvements verticaux, les mouvements de tangage, ce type de modèle va être présenté (Figure 1.5).

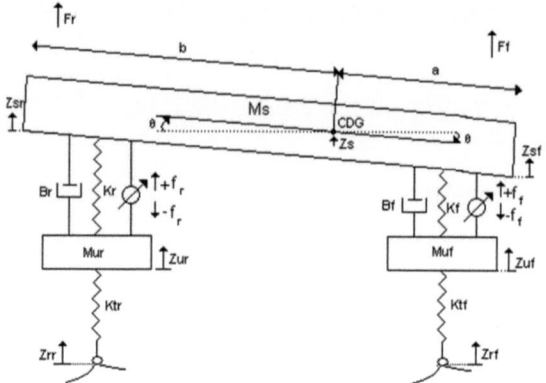

Figure 1.5: Modèle de demi véhicule

M_s : Masse de la caisse.

M_{uf}, M_{ur} : Masses non suspendues avant et arrière respectivement.

K_f, K_r, K_{tf}, K_{tr} : Sont les raideurs avant et arrière.

B_f, B_r : sont les coefficients d'amortissements avant et arrière.

J_y : Le moment d'inertie

On considère que l'angle de tangage est assez petit.

Les équations décrivant le comportement du système sont:

Partie avant: $\quad Z_{sf} = Z - a.\sin\theta \approx Z - a.\theta \quad$ (1.3)

Partie arrière $Z_{sr} = Z + b.\sin\theta \approx Z + b.\theta \quad$ (1.4)

Les forces équivalentes des deux cotés sont les suivantes:

Partie avant;

$$F_f = -K_f.(Z_{sf}-Z_{uf}) - B_f.(\dot{Z}_{sf}-\dot{Z}_{uf}) + f_f = -K_f.(Z-a\theta-Z_{uf}) - B_f.(\dot{Z}-a\dot{\theta}-\dot{Z}_{uf}) + f_f \quad (1.5)$$

Partie arrière;

$$F_r = -K_r.(Z_{sr}-Z_{ur}) - B_r.(\dot{Z}_{sr}-\dot{Z}_{ur}) + f_r = -K_r.(Z+b\theta-Z_{ur}) - B_r.(\dot{Z}+b\dot{\theta}-\dot{Z}_{ur}) + f_r \quad (1.6)$$

En appliquant la deuxième loi de Newton, et en considérant la position d'équilibre statique, comme origine des déplacements linéaires et angulaires du centre de gravité, on aura :

$$\ddot{Z} = \frac{1}{M_s}\begin{Bmatrix} -(K_f+K_r).Z - (B_f+B_r).\dot{Z} + (a.K_f - b.K_r).\theta + (a.B_f - b.B_r).\dot{\theta} \\ + K_f.Z_{uf} + K_r.Z_{ur} + B_b.\dot{Z}_{uf} + B_r.\dot{Z}_{ur} + f_f + f_r \end{Bmatrix} \quad (1.7)$$

Pour le mouvement angulaire, on aura :

$$J_y.\ddot{\theta} = -F_f.a.\cos(\theta) + F_r.b.\cos(\theta) = -F_f.a + F_r.b \quad (1.8)$$

On remplace (1.5) et (1.6) dans (1.8) on obtient:

$$J_y.\ddot{\theta} = \begin{Bmatrix} a.K_f.(Z-a.\theta-Z_{uf}) + a.B_f.(\dot{Z}-a.\dot{\theta}-\dot{Z}_{uf}) - b.K_r(Z+b.\theta-Z_{ur}) \\ -b.B_r.(\dot{Z}+b.\dot{\theta}-\dot{Z}_{ur}) - a.f_f + b.f_r \end{Bmatrix} \quad (1.9)$$

Posons $J_y = M_s.r_y^2$ Où r_y est le rayon de giration (1.9) devient:

$$\ddot{\theta} = \frac{1}{M_s.r_y^2} \begin{Bmatrix} (a.K_f - b.K_r).Z + (a.B_f - b.B_r).\dot{Z} - (a^2.K_f + b^2.K_r).\theta - (a^2.B_f + b^2.B_r).\dot{\theta} \\ -a.K_f.Z_{uf} + b.K_r.Z_{ur} - a.B_f.\dot{Z}_{uf} + b.B_r.\dot{Z}_{ur} - a.f_f + b.f_r \end{Bmatrix} \quad (1.10)$$

En Appliquant la deuxième loi de Newton aux masses non suspendues on aura :

Roue avant:

$$M_{uf}.\ddot{Z}_{uf} = B_f.(\dot{Z}_{sf} - \dot{Z}_{uf}) + K_f(Z_{sf} - Z_{uf}) - f_f - K_{tf}(Z_{uf} - Z_{rf}).$$

$$M_{uf}.\ddot{Z}_{uf} = B_f.(\dot{Z} - a.\dot{\theta} - \dot{Z}_{uf}) + K_f(Z - a.\theta - Z_{uf}) - f_f - K_{tf}(Z_{uf} - Z_{rf})$$

$$M_{uf}.\ddot{Z}_{uf} = B_f.\dot{Z} - a.B_f.\dot{\theta} - B_f.\dot{Z}_{uf} + K_f.Z - a.K_f.\theta - (K_f + K_{tf})Z_{uf} + K_{tf}.Z_{rf} - f_f \quad (1.11)$$

Roue arrière:

$$M_{ur}.\ddot{Z}_{ur} = B_r.(\dot{Z}_{sr} - \dot{Z}_{ur}) + K_r.(Z_{sr} - Z_{ur}) - f_r - K_{tr}(Z_{ur} - Z_{rr}).$$

$$M_{ur}.\ddot{Z}_{ur} = B_r.(\dot{Z} + b.\dot{\theta} - \dot{Z}_{ur}) + K_r(Z + b.\theta - Z_{ur}) - f_r - K_{tr}(Z_{ur} - Z_{rr})$$

$$M_{ur}.\ddot{Z}_{ur} = B_r.\dot{Z} + b.B_r.\dot{\theta} - B_r.\dot{Z}_{ur} + K_r.Z + ba.K_r.\theta - (K_r + K_{tr}).Z_{ur} + K_{tr}.Z_{rr} - f_r \quad (1.12)$$

Si on pose :

$$X_1 = Z; \quad X_2 = \dot{Z}; \quad X_3 = \theta; \quad X_4 = \dot{\theta}$$
$$X_5 = Z_{sf} - Z_{uf}; \quad X_6 = \dot{Z}_{uf}; \quad X_7 = Z_{sr} - Z_{ur}; \quad X_8 = \dot{Z}_{ur}$$

La représentation d'état (1.13) associée aux équations (1.7),(1.10),(1.11),(1.12) est sous la forme: $\dot{X} = AX + BU + B_d d$

$$\begin{cases} \dot{X}_1 = X_2 \\ \dot{X}_2 = -\dfrac{K_f+K_r}{M_s}X_1 - \dfrac{B_f+B_r}{M_s}X_2 + \dfrac{aB_f-bB_r}{M_s}X_4 - \dfrac{K_f}{M_s}X_5 - \dfrac{B_f}{M_s}X_6 - \dfrac{K_r}{M_s}X_7 + \dfrac{B_r}{M_s}X_8 + \dfrac{f_f+f_r}{M_s} \\ \dot{X}_3 = X_4 \\ \dot{X}_4 = \dfrac{aB_f-bB_r}{M_s r_y^2}X_2 - \dfrac{a^2 B_f + b^2 B_r}{M_s r_y^2}X_4 + \dfrac{aK_f}{M_s r_y^2}X_5 + \dfrac{aB_f}{M_s r_y^2}X_6 - \dfrac{bK_r}{M_s r_y^2}X_7 + \dfrac{bB_r}{M_s r_y^2}X_8 + \dfrac{af_f - bf_r}{M_s r_y^2} \\ \dot{X}_5 = X_2 - aX_4 - X_6 \\ \dot{X}_6 = -\dfrac{K_{tf}}{M_{uf}}X_1 + \dfrac{B_f}{M_{uf}}X_2 + \dfrac{aK_{tf}}{M_{uf}}X_3 - \dfrac{aB_f}{M_{uf}}X_4 + \dfrac{K_f+K_{tf}}{M_{uf}}X_5 - \dfrac{B_f}{M_{uf}}X_6 + \dfrac{K_{tf}}{M_{uf}}Z_{rf} - \dfrac{f_f}{M_{uf}} \\ \dot{X}_7 = X_2 + bX_4 - X_8 \\ \dot{X}_8 = -\dfrac{K_{tr}}{M_{ur}}X_1 + \dfrac{B_r}{M_{ur}}X_2 + \dfrac{bK_{tr}}{M_{ur}}X_3 + \dfrac{bB_r}{M_{ur}}X_4 + \dfrac{K_r+K_{tr}}{M_{ur}}X_7 - \dfrac{B_r}{M_{ur}}X_8 + \dfrac{K_{tr}}{M_{ur}}Z_{rr} - \dfrac{f_r}{M_{ur}} \end{cases}$$ (1.13)

Ou l'entrée de commande $U = \begin{bmatrix} f_f \\ f_r \end{bmatrix}$, et le profil de la route $d = \begin{bmatrix} Z_{rf} & Z_{rr} \end{bmatrix}$

I.3.1.3 Modèle linéaire du véhicule complet :

La figure (1.7) représente un système linéaire à 7 degrés de liberté[15, 16, 17, 37,38] . Il se compose d'une masse suspendue (caisse) reliée aux quatre roues. La masse suspendue est libre de se mouvoir autour des 3 axes, tandis que les masses non suspendue (roues) ne peuvent se déplacer que verticalement.

On assume que les angles de tangage et roulis sont petits afin d'obtenir un système linéaire.

Chapitre1 : Structure et modélisation des suspensions de véhicules

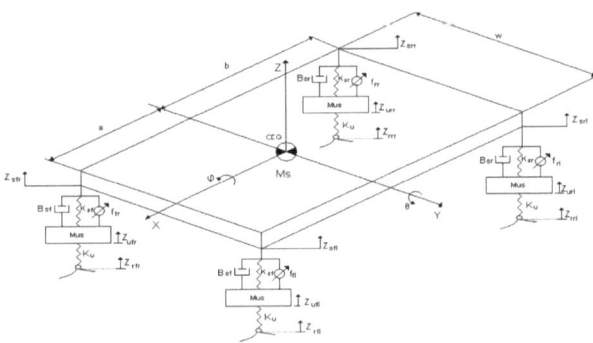

Figure 1.6: Modèle de véhicule complet.

Les équations mécaniques décrivant le système sont:

- Mouvement vertical de la caisse.

$$M_s.\ddot{Z} = -(2K_{sf} + 2K_{sr})Z - (2B_{sf} + 2B_{sr})\dot{Z} + (2aK_{sf} - 2bK_{sr})\theta + (2aB_{sf} + 2bB_{sr})\dot{\theta} +$$
$$K_{sf}Z_{ufl} + B_{sf}\dot{Z}_{ufl} + K_{sf}Z_{ufr} + B_{sf}\dot{Z}_{ufr} + K_{sr}Z_{url} + B_{sr}\dot{Z}_{url} + K_{sr}Z_{urr} + B_{sr}\dot{Z}_{urr} \quad (1.14)$$
$$+ f_{fl} + f_{fr} + f_{rl} + f_{rr}$$

- Mouvement angulaire de tangage.

$$I_{yy}.\ddot{\theta} = (2aK_{sf} - 2bK_{sr})Z + (2aB_{sf} - 2bB_{sr})\dot{Z} - (2a^2K_{sf} + 2b^2K_{sr})\theta - (2a^2B_{sf} + 2b^2B_{sr})\dot{\theta} -$$
$$aK_{sf}Z_{ufl} - aB_{sf}\dot{Z}_{ufl} - aK_{sf}Z_{ufr} - aB_{sf}\dot{Z}_{ufr} + bK_{sr}Z_{url} + bB_{sr}\dot{Z}_{url} + bK_{sr}Z_{urr} + bB_{sr}\dot{Z}_{urr} - af_{fl} - af_{rl} \quad (1.15)$$
$$+ bf_{rl} + bf_{rr}$$

- Mouvement angulaire de roulis

$$I_{xx}.\ddot{\varphi} = -0.25w^2(2K_{sf} + 2K_{sr})\varphi - 0.25w^2(2B_{sf} + 2B_{sr})\dot{\varphi} + 0.5wK_{sf}Z_{ufl} + 0.5wB_{sf}\dot{Z}_{ufl} -$$
$$0.5wK_{sf}Z_{ufr} - 0.5wB_{sf}\dot{Z}_{ufr} + 0.5wK_{sr}Z_{url} + 0.5wB_{sr}\dot{Z}_{url} - 0.5wK_{sr}Z_{urr} - 0.5wB_{sr}\dot{Z}_{urr} \quad (1.16)$$
$$+ 0.5wf_{fl} - 0.5wf_{fr} + 0.5wf_{rl} - 0.5wf_{rr}$$

- Mouvement vertical de la roue avant gauche

$$M_{us}\ddot{Z}_{ufl} = K_{sf}Z + B_{sf}\dot{Z} - aK_{sf}\theta - aB_{sf}\dot{\theta} + 0.5wK_{sf}\varphi + 0.5wB_{sf}\dot{\varphi} - (K_{sf} + K_u)Z_{ufl} -$$
$$B_{sf}\dot{Z}_{ufl} + K_u Z_{rfl} - f_{fl} \quad (1.17)$$

- Mouvement vertical de la roue avant droite

$$M_{us}\ddot{Z}_{ufr} = K_{sf}Z + B_{sf}\dot{Z} - aK_{sf}\theta - aB_{sf}\dot{\theta} - 0.5wK_{sf}\varphi - 0.5wB_{sf}\dot{\varphi} - (K_{sf} + K_u)Z_{ufr} -$$
$$B_{sf}\dot{Z}_{ufr} + K_u Z_{rfr} - f_{fr} \quad (1.18)$$

- Mouvement vertical de la roue arrière gauche

$$M_{us}\ddot{Z}_{url} = K_{sr}Z + B_{sr}\dot{Z} + bK_{sr}\theta + bB_{sr}\dot{\theta} + 0.5wK_{sr}\varphi + 0.5wB_{sr}\dot{\varphi} - (K_{sr} + K_u)Z_{url} -$$
$$B_{sr}\dot{Z}_{url} + K_u Z_{rrl} - f_{rl} \quad (1.19)$$

- Mouvement vertical de la roue arrière droite.

$$M_{us}\ddot{Z}_{urr} = K_{sr}Z + B_{sr}\dot{Z} + bK_{sr}\theta + bB_{sr}\dot{\theta} - 0.5wK_{sr}\varphi - 0.5wB_{sr}\dot{\varphi} - (K_{sr} + K_u)Z_{urr} -$$
$$B_{sr}\dot{Z}_{urr} + K_u Z_{rrr} - f_{rr} \quad (1.20)$$

Si on pose les variables d'états suivantes

$X_1 = Z$ Déplacement de centre de masse $X_2 = \dot{Z}$ vitesse du centre de masse

$X_3 = \theta$ Angle de tangage

$X_4 = \dot{\theta}$ Vitesse angulaire de tangage

$X_5 = \varphi$ Angle de roulis

$X_6 = \dot{\varphi}$ Vitesse angulaire de roulis

$X_7 = Z_{rfl}$ Déplacement roue avant gauche

$X_8 = \dot{Z}_{rfl}$ Vitesse roue avant gauche

$X_9 = Z_{rfr}$ Déplacement roue avant droite

$X_{10} = \dot{Z}_{rfr}$ Vitesse roue avant droite

$X_{11} = Z_{rrl}$ Déplacement roue arrière gauche

$X_{12} = \dot{Z}_{rrl}$ Vitesse roue arrière gauche

$X_{13} = Z_{rrr}$ Déplacement roue arrière droite

$X_{14} = \dot{Z}_{rrr}$ Vitesse roue arrière droite

La représentation d'état (1.21) associée aux équations (1.14),(1.15),(1.16),(1.17) (1.18),(1.19),(1.20) est sous la forme: $\dot{X} = AX + BU + B_d d$:

Où l'entrée de commande $U = \begin{bmatrix} f_{fl} \\ f_{fr} \\ f_{rl} \\ f_{rr} \end{bmatrix}$, et le profil de la route $d = \begin{bmatrix} Z_{fl} & Z_{fr} & Z_{rl} & Z_{rr} \end{bmatrix}$

$$\begin{cases}
\dot{X}_1 = X_2 \\
\dot{X}_2 = \dfrac{-(2K_{sf}+2K_{sr})}{M_s}X_1 - \dfrac{(2B_{sf}+2B_{sr})}{M_s}X_2 + \dfrac{(2aK_{sf}-2bK_{sr})}{M_s}X_3 + \dfrac{(2aB_{sf}-2bB_{sr})}{M_s}X_4 + \dfrac{K_{sf}}{M_s}X_7 + \\
\qquad \dfrac{B_{sf}}{M_s}X_8 + \dfrac{K_{sf}}{M_s}X_9 + \dfrac{B_{sf}}{M_s}X_{10} + \dfrac{K_{sr}}{M_s}X_{11} + \dfrac{B_{sr}}{M_s}X_{12} + \dfrac{K_{sr}}{M_s}X_{13} + \dfrac{B_{sr}}{M_s}X_{14} + \dfrac{f_{fl}}{M_s} + \dfrac{f_{fr}}{M_s} + \dfrac{f_{rl}}{M_s} + \dfrac{f_{rr}}{M_s} \\
\dot{X}_3 = X_4 \\
\dot{X}_4 = \dfrac{(2aK_{sf}-2bK_{sr})}{I_{yy}}X_1 + \dfrac{(2aB_{sf}-2bB_{sr})}{I_{yy}}X_2 - \dfrac{(2a^2K_{sf}+2b^2K_{sr})}{I_{yy}}X_3 - \dfrac{(2a^2B_{sf}+2b^2B_{sr})}{I_{yy}}X_4 + \dfrac{aK_{sf}}{I_{yy}}X_7 - \\
\qquad \dfrac{aB_{sf}}{I_{yy}}X_8 - \dfrac{aK_{sf}}{I_{yy}}X_9 - \dfrac{aB_{sf}}{I_{yy}}X_{10} + \dfrac{bK_{sr}}{I_{yy}}X_{11} + \dfrac{bB_{sr}}{I_{yy}}X_{12} + \dfrac{bK_{sr}}{I_{yy}}X_{13} + \dfrac{bB_{sr}}{I_{yy}}X_{14} - \dfrac{af_{fl}}{I_{yy}} - \dfrac{af_{fr}}{I_{yy}} + \dfrac{bf_{rl}}{I_{yy}} + \dfrac{bf_{rr}}{I_{yy}} \\
\dot{X}_5 = X_6 \\
\dot{X}_6 = -\dfrac{w^2(2K_{sf}+2K_{sr})}{4I_{xx}}X_5 - \dfrac{w^2(2B_{sf}+2B_{sr})}{4I_{xx}}X_6 + \dfrac{wK_{sf}}{2I_{xx}}X_7 + \dfrac{wB_{sf}}{2I_{xx}}X_8 - \dfrac{wK_{sf}}{2I_{xx}}X_9 - \dfrac{wB_{sf}}{2I_{xx}}X_{10} + \\
\qquad \dfrac{wK_{sr}}{2I_{xx}}X_{11} + \dfrac{wB_{sr}}{2I_{xx}}X_{12} - \dfrac{wK_{sr}}{2I_{xx}}X_{13} - \dfrac{wB_{sr}}{2I_{xx}}X_{14} + \dfrac{wf_{fl}}{2I_{xx}} - \dfrac{wf_{fr}}{2I_{xx}} + \dfrac{wf_{rl}}{2I_{xx}} - \dfrac{wf_{rr}}{2I_{xx}} \\
\dot{X}_7 = X_8 \\
\dot{X}_8 = \dfrac{K_{sf}}{M_{us}}X_1 + \dfrac{B_{sf}}{M_{us}}X_2 - \dfrac{aK_{sf}}{M_{us}}X_3 - \dfrac{aB_{sf}}{M_{us}}X_4 + \dfrac{wK_{sf}}{2M_{us}}X_5 + \dfrac{wB_{sf}}{2M_{us}}X_6 - \dfrac{(K_{sf}+K_u)}{M_{us}}X_7 - \dfrac{B_{sf}}{M_{us}}X_8 + \dfrac{K_u}{M_{us}}Z_{rfl} - \dfrac{f_{fl}}{M_s} \\
\dot{X}_9 = X_{10} \\
\dot{X}_{10} = \dfrac{K_{sf}}{M_{us}}X_1 + \dfrac{B_{sf}}{M_{us}}X_2 - \dfrac{aK_{sf}}{M_{us}}X_3 - \dfrac{aB_{sf}}{M_{us}}X_4 - \dfrac{wK_{sf}}{2M_{us}}X_5 - \dfrac{wB_{sf}}{2M_{us}}X_6 - \dfrac{(K_{sf}+K_u)}{M_{us}}X_9 - \dfrac{B_{sf}}{M_{us}}X_{10} + \dfrac{K_u}{M_{us}}Z_{rfr} - \dfrac{f_{fr}}{M_s} \\
\dot{X}_{11} = X_{12} \\
\dot{X}_{12} = \dfrac{K_{sr}}{M_{us}}X_1 + \dfrac{B_{sr}}{M_{us}}X_2 + \dfrac{bK_{sr}}{M_{us}}X_3 + \dfrac{bB_{sr}}{M_{us}}X_4 + \dfrac{wK_{sr}}{2M_{us}}X_5 + \dfrac{wB_{sr}}{2M_{us}}X_6 - \dfrac{(K_{sr}+K_u)}{M_{us}}X_{11} - \dfrac{B_{sr}}{M_{us}}X_{12} + \dfrac{K_u}{M_{us}}Z_{rrl} - \dfrac{f_{rl}}{M_s} \\
\dot{X}_{13} = X_{14} \\
\dot{X}_{14} = \dfrac{K_{sr}}{M_{us}}X_1 + \dfrac{B_{sr}}{M_{us}}X_2 + \dfrac{bK_{sr}}{M_{us}}X_3 + \dfrac{bB_{sr}}{M_{us}}X_4 - \dfrac{wK_{sr}}{2M_{us}}X_5 - \dfrac{wB_{sr}}{2M_{us}}X_6 - \dfrac{(K_{sr}+K_u)}{M_{us}}X_{13} - \dfrac{B_{sr}}{M_{us}}X_{14} + \dfrac{K_u}{M_{us}}Z_{rrr} - \dfrac{f_{rr}}{M_s}
\end{cases}$$

(1.21)

I.3.2 Modélisation non linéaire:

Nous reprendrons les modèles précédents, mais en tenant compte du non linéarité du système.

I.3.2.1 Concept de la dynamique de l'actionneur:

De nos jours, les systèmesélectro hydrauliques[18, 19, 39,40] sont très populaires dans la majorité des processus industriels comme la machinerie lourde, la robotique, l'avionique et l'industrie automobile. En effet , un systèmeéléctrohydraulique est composé de plusieurs éléments à savoir
- Une pompe qui alimente le circuit de fluide.
- Un réservoir contenant le fluide.
- Un accumulateur qui joue le rôle d'une source d'énergiecomplémentaire.
- Une valve de régulation.
- Un actionneur hydraulique linéaire (vérin).
- Une servovalve dont le rôle est de déterminer la direction de mouvement.

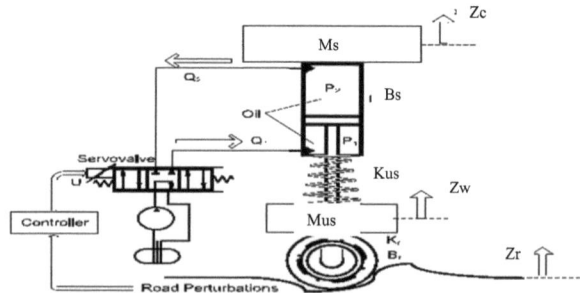

Figure 1.7: Actionneur Hydraulique

La force fournie par l'actionneur est donnée par :

$$F_a = A.P_L$$

Où P_L est la pression qui pousse le piston; A est la surface du piston.

D'après Merritt, la dérivée de P_L est donnée par :

$$\frac{V_t}{4.\beta_e}.\dot{P}_L = Q - C_{tp}.P_L - A.(X_c - X_w) \qquad (1.22)$$

$$Q = C_d \omega x_v \sqrt{\frac{1}{\rho}[P_s - \text{sgn}(x_v)P_L]} \qquad (1.23)$$

V_t : est le volume total de l'actionneur,

β_e et C_d : sont des caractéristiques du fluide utilisé qui représentent respectivement le module en bloc efficace et le coefficient de décharge.

Q: est le flux hydraulique du liquide, ω est le gradient de surface de la valve

P_s et P_r : sont les pressions d'approvisionnement, et de renvoi allant dans et hors de la soupape.

ρ : est la densité du liquide; x_v : Est le déplacement du piston de la valve

C_{tp} : Coefficient de fuite de piston.

Pour éviter le cas $[P_s - \text{sgn}(x_v)P_L]<0$, on obtient la relation (1.24)

$$Q = \text{sgn}[P_s - \text{sgn}(x_v)P_L]C_d \omega x_v \sqrt{\frac{1}{\rho}|P_s - \text{sgn}(x_v)P_L|} \qquad (1.24)$$

Le déplacement de la valve est commandé par l'entrée de la servovalve u, où elle peut être un courant ou une tension. La dynamique de la valve est considérée comme un filtre linéaire avec un constant taux.

Le déplacement de la valve est donné par l'équation différentielle suivante :

$$\dot{x}_v = \frac{1}{\tau}(-x_v + u) \qquad (1.25)$$

I.3.2.2 Modèle non linéaire du quart de véhicule:

En choisissant les variables d'état suivantes[5, 12, 41, 42,43]:

$$X_1 = X_c, X_2 = \dot{X}_c, X_3 = X_w, X_4 = \dot{X}_w$$
$$X_5 = P_L, \quad X_6 = X_{sp} = X_v,$$
$$u = k_{sv}.I_{sv}$$

I_{sv} : courant de la commande
On obtient le système d'état (1.26) suivant:

$$\begin{cases} \dot{X}_1 = X_2 \\ \dot{X}_2 = -\dfrac{1}{M_s}(B_s(X_2 - X_4) + Ks(X_1 - X_3) - A.X_5). \\ \dot{X}_3 = X_4. \\ \dot{X}_4 = \dfrac{1}{Mus}(B_s(X_2 - X_4) + Ks(X_1 - X_3) - Kus(X_3 - Xr) - A.X_5) \\ \dot{X}_5 = -\beta.X_5 - \alpha.A.(X_2 - X_4) + \gamma.\omega_3.X_6 \\ \dot{X}_6 = \dfrac{1}{\tau}(u - X_6) \\ avec \quad \omega_3 = \text{sgn}[P_s - \text{sgn}(X_6)X_5]\sqrt{|P_s - \text{sgn}(X_6)X_5|} \\ \alpha = \dfrac{V_t}{4.\beta_e}. \quad \beta = \alpha.C_{tp} \quad \gamma = \alpha.C_d\omega\sqrt{\dfrac{1}{\rho}} \end{cases} \quad (1.26)$$

I.3.2.3 Modèle non linéaire du demi de véhicule:(Figure 1.5)

De la même manière que le modèle quart de véhicule[13][14], on introduit les dynamiques des actionneurs, qui donnent des non linéarités dans le système considéré.

Partie avant: $Z_{sf} = Z - a.\sin\theta$

Partie arrière $Z_{sr} = Z + b.\sin\theta$

Les forces équivalentes des deux cotés sont les suivantes:

Partie avant : $\begin{aligned} F_f &= -K_f.(Z_{sf} - Z_{uf}) - B_f.(\dot{Z}_{sf} - \dot{Z}_{uf}) + f_f \\ &= -K_f.(Z - a.\sin(\theta) - Z_{uf}) - B_f.(\dot{Z} - a.\dot{\theta}.\cos(\theta) - \dot{Z}_{uf}) + f_f \end{aligned}$

(1.27)

Partie arrière:
$$F_r = -K_r.(Z_{sr} - Z_{ur}) - B_r.(\dot{Z}_{sr} - \dot{Z}_{ur}) + f_r \quad (1.28)$$
$$= -K_r.(Z + b.\sin(\theta) - Z_{ur}) - B_r.(\dot{Z} + b.\dot{\theta}.\cos(\theta) - \dot{Z}_{ur}) + f_r$$

En appliquant la deuxième loi de Newton, et en considérant la position d'équilibre statique, comme origine des déplacements linéaires et angulaires du centre de gravité, on aura:

$$\ddot{Z} = \frac{1}{M_s}\begin{cases} -(K_f + K_r).Z - (B_f + B_r)\dot{Z} + (a.K_f - b.K_r).\sin(\theta) + (a.B_f - b.B_r).\dot{\theta}.\cos(\theta) \\ + K_f.Z_{uf} + K_r.Z_{ur} + B_b.\dot{Z}_{uf} + B_r.\dot{Z}_{ur} + f_f + f_r \end{cases} \quad (1.29)$$

Pour le mouvement angulaire;

$$J_y.\ddot{\theta} = -F_f.a.\cos(\theta) + F_r.b.\cos(\theta).$$

$$= \begin{cases} a.K_f.(Z - a.\sin(\theta) - Z_{uf}).\cos(\theta) + a.B_f.(\dot{Z} - a.\dot{\theta}.\cos(\theta) - \dot{Z}_{uf}).\cos(\theta) \\ -b.K_r(Z + b.\sin(\theta) - Z_{ur}).\cos(\theta) - b.B_r.(\dot{Z} + b.\dot{\theta}.\cos(\theta) - \dot{Z}_{ur}).\cos(\theta) \\ -a.\cos(\theta).f_f + b.\cos(\theta).f_r \end{cases} \quad (1.30)$$

Posons $J_y = M_s.r_y^2$.   Où r_y est le rayon de giration.

$$\ddot{\theta} = \frac{1}{M_s.r_y^2}\begin{cases} (a.K_f - b.K_r)Z.\cos(\theta) + (a.B_f - b.B_r)\dot{Z}.\cos(\theta) - (a^2.K_f + b^2.K_r).\sin(\theta).\cos(\theta) \\ -(a^2.B_f + b^2.B_r)\dot{\theta}\cos^2(\theta) - a.K_f.\cos(\theta)Z_{uf} + b.K_r.\cos(\theta)Z_{ur} \\ -a.B_f.\cos(\theta)\dot{Z}_{uf} + b.B_r.\cos(\theta)\dot{Z}_{ur} - a.\cos(\theta)f_f + b.\cos(\theta)f_r \end{cases} \quad (1.31)$$

En appliquant la deuxième loi de Newton aux masses non suspendues :
Roue avant:
$$M_{uf}.\ddot{Z}_{uf} = B_f.(\dot{Z} - a.\dot{\theta}.\cos(\theta) - \dot{Z}_{uf}) + K_f(Z - a.\sin(\theta) - Z_{uf}) - f_f - K_{tf}(Z_{uf} - Z_{rf}).(1.32)$$

Roue arrière: $M_{ur}.\ddot{Z}_{ur} = B_r.(\dot{Z} + b.\cos(\theta) - \dot{Z}_{ur}) + K_r.(Z + b.\sin(\theta) - Z_{ur}) - f_r - K_{tr}(Z_{ur} - Z_{rr}). \quad (1.33)$

On choisissant les variables d'état suivantes:

$X_1 = Z; \quad X_2 = \dot{Z}; \quad X_3 = \theta; \quad X_4 = \dot{\theta}; X_5 = Z_{uf}; X_6 = \dot{Z}_{uf};$

$X_7 = Z_{ur}; \quad X_8 = \dot{Z}_{ur} \quad ; \quad X_9 = P_{L1}; X_{10} = P_{L2}; X_{11} = X_{v1} \quad X_{12} = X_{v2}$

P_{L1}, P_{L2} : Chutes de pressions dans les deux pistons des roues avant et arrière.

X_{v1}, X_{v2} : Déplacements des deux valves avant et arrière.

La représentation d'état (1.34) est sous la forme :

$$\dot{X} = AX + BU + B_d d$$

$$\begin{cases}
\dot{X}_1 = X_2 \\
\dot{X}_2 = -\dfrac{K_f + K_r}{M_s}X_1 - \dfrac{B_f + B_r}{M_s}X_2 + \dfrac{a.K_f - b.K_r}{M_s}\sin(X_3) + \dfrac{a.B_f - b.B_r}{M_s}\cos(X_3).X_4 \\
\quad + \dfrac{K_f}{M_s}X_5 + \dfrac{B_f}{M_s}X_6 + \dfrac{K_r}{M_s}X_7 + \dfrac{B_r}{M_s}X_8 + \dfrac{Ap(X_9 + X_{10})}{M_s} \\
\dot{X}_3 = X_4 \\
\dot{X}_4 = \dfrac{a.K_f - b.K_r}{M_s.r_y^2}X_1.\cos(X_3) + \dfrac{a.B_f - b.B_r}{M_s.r_y^2}X_2.\cos(X_3) - \dfrac{a^2.K_f + b^2.K_r}{2.M_s.r_y^2}\sin(2.X_3) \\
\quad - \dfrac{a^2.B_f + b^2.B_r}{M_s.r_y^2}X_4.\cos^2(X_3) - \dfrac{a.K_f}{M_s.r_y^2}X_5\cos(X_3) - \dfrac{a.B_f}{M_s.r_y^2}X_6.\cos(X_3) \\
\quad + \dfrac{b.K_r}{M_s.r_y^2}X_7.\cos(X_3) + \dfrac{b.B_r}{M_s.r_y^2}X_8.\cos(X_3) - Ap.\dfrac{a.X_9 - b.X_{10}}{M_s.r_y^2}.\cos(X_3) \\
\dot{X}_5 = X_6 \\
\dot{X}_6 = \dfrac{K_{tf}}{M_{uf}}X_1 + \dfrac{B_f}{M_{uf}}X_2 - \dfrac{a.K_f}{M_{uf}}\sin(X_3) - \dfrac{a.B_f}{M_{uf}}X_4.\cos(X_3) - \dfrac{K_f + K_{tf}}{M_{uf}}X_5 - \dfrac{B_f}{M_{uf}}X_6 \\
\quad + \dfrac{K_{tf}}{M_{uf}}Z_{rf} - \dfrac{Ap.X_9}{M_{uf}} \\
\dot{X}_7 = X_8 \\
\dot{X}_8 = \dfrac{K_r}{M_{ur}}X_1 + \dfrac{B_r}{M_{ur}}X_2 + \dfrac{b.K_r}{M_{ur}}\sin(X_3) + \dfrac{b.B_r}{M_{ur}}X_4.\cos(X_3) - \dfrac{K_r + K_{tr}}{M_{ur}}X_7 - \dfrac{B_r}{M_{ur}}X_8 \\
\quad + \dfrac{K_{tr}}{M_{ur}}Z_{rr} - \dfrac{Ap.X_{10}}{M_{ur}} \\
\dot{X}_9 = -\beta_f.X_9 - \alpha_f.Ap.(X_2 - a.X_4.\cos(X_3) - X_6) + \omega_f.\gamma_f.X_{11} \\
\dot{X}_{10} = -\beta_r.X_{10} - \alpha_r.Ap.(X_2 + b.X_4.\cos(X_3) - X_8) + \omega_r.\gamma_r.X_{12} \\
\dot{X}_{11} = \dfrac{1}{\tau}.(u_f - X_{11}) \\
\dot{X}_{12} = \dfrac{1}{\tau}.(u_r - X_{12}) \\
\text{avec} \\
\omega_f = \text{sgn}[P_{sf} - \text{sgn}(X_{11})X_9]\sqrt{|P_{sf} - \text{sgn}(X_{11})X_9|} \\
\omega_r = \text{sgn}[P_{sr} - \text{sgn}(X_{12})X_{10}]\sqrt{|P_{sr} - \text{sgn}(X_{12})X_{10}|} \\
U = \begin{bmatrix} u_f \\ u_r \end{bmatrix} \text{la commande} \\
d = \begin{bmatrix} Z_{rf} & Z_{rr} \end{bmatrix} \text{profil de la route}
\end{cases}$$

(1.34)

I.3.2.4 Modèle non linéaire du véhicule complet:

On introduit les variables supplémentaires caractérisant la dynamique des actionneurs[13][14]

X_{15} : *chute de pression actionneur avant gauche.*

X_{16} : *déplacement de l'électrovanne avant gauche.*

X_{17} : *chute de pression actionneur avant droit.*

X_{18} : *déplacement de l'électrovanne avant droite.*

X_{19} : *chute de pression actionneur arrière gauche.*

X_{20} : *déplacement de l'électrovanne arrière gauche.*

X_{21} : *chute de préssion actionneur arrière droit.*

X_{22} : *déplacement de l'électrovanne arrière droite.*

En considérant les angles de tangage et roulis, on obtient le modèle (1.35) suivant:

$$\dot{X}_1 = X_2$$

$$\dot{X}_2 = -\frac{(2K_{sf}+2K_{sr})}{M_s}X_1 - \frac{(2B_{sf}+2B_{sr})}{M_s}X_2 + \frac{(2aK_{sf}-2bK_{sr})}{M_s}\sin(X_3) + \frac{(2aB_{sf}-2bB_{sr})}{M_s}X_4.\cos(X_3) +$$

$$\frac{K_{sf}}{M_s}X_7 + \frac{B_{sf}}{M_s}X_8 + \frac{K_{sf}}{M_s}X_9 + \frac{B_{sf}}{M_s}X_{10} + \frac{K_{sr}}{M_s}X_{11} + \frac{B_{sr}}{M_s}X_{12} + \frac{K_{sr}}{M_s}X_{13} + \frac{B_{sr}}{M_s}X_{14} + Ap.\frac{X_{15}+X_{17}+X_{19}+X_{21}}{M_s}$$

$$\dot{X}_3 = X_4$$

$$\dot{X}_4 = \frac{(2aK_{sf}-2bK_{sr})}{I_{yy}}X_1 + \frac{(2aB_{sf}-2bB_{sr})}{I_{yy}}X_2 - \frac{(2a^2K_{sf}+2b^2K_{sr})}{I_{yy}}\sin(X_3) - \frac{(2a^2B_{sf}+2b^2B_{sr})}{I_{yy}}X_4.\cos(X_3)$$

$$-\frac{aK_{sf}}{I_{yy}}X_7 - \frac{aB_{sf}}{I_{yy}}X_8 - \frac{aK_{sf}}{I_{yy}}X_9 - \frac{aB_{sf}}{I_{yy}}X_{10} + \frac{bK_{sr}}{I_{yy}}X_{11} + \frac{bB_{sr}}{I_{yy}}X_{12} + \frac{bK_{sr}}{I_{yy}}X_{13} + \frac{bB_{sr}}{I_{yy}}X_{14} +$$

$$Ap\frac{-a(X_{15}+X_{17})+b(X_{19}+X_{21})}{I_{yy}}$$

$$\dot{X}_5 = X_6$$

$$\dot{X}_6 = -\frac{w^2(2K_{sf}+2K_{sr})}{4I_{xx}}\sin(X_5) - \frac{w^2(2B_{sf}+2B_{sr})}{4I_{xx}}X_6.\cos(X_5) + \frac{wK_{sf}}{2I_{xx}}X_7 + \frac{wB_{sf}}{2I_{xx}}X_8 - \frac{wK_{sf}}{2I_{xx}}X_9 -$$

$$\frac{wB_{sf}}{2I_{xx}}X_{10} + \frac{wK_{sr}}{2I_{xx}}X_{11} + \frac{wB_{sr}}{2I_{xx}}X_{12} - \frac{wK_{sr}}{2I_{xx}}X_{13} - \frac{wB_{sr}}{2I_{xx}}X_{14} + Ap.\frac{w(X_{15}-X_{17}+X_{19}-X_{21})}{2I_{xx}}$$

$$\dot{X}_7 = X_8$$

$$\dot{X}_8 = \frac{K_{sf}}{M_{us}}X_1 + \frac{B_{sf}}{M_{us}}X_2 - \frac{aK_{sf}}{M_{us}}\sin(X_3) - \frac{aB_{sf}}{M_{us}}X_4.\cos(X_3) + \frac{wK_{sf}}{2M_{us}}\sin(X_5) + \frac{wB_{sf}}{2M_{us}}X_6.\cos(X_5) -$$

$$\frac{(K_{sf}+K_u)}{M_{us}}X_7 - \frac{B_{sf}}{M_{us}}X_8 + \frac{K_u}{M_{us}}Z_{rfl} - Ap\frac{x_{15}}{M_{us}}$$

$$\dot{X}_9 = X_{10}$$

$$\dot{X}_{10} = \frac{K_{sf}}{M_{us}}X_1 + \frac{B_{sf}}{M_{us}}X_2 - \frac{aK_{sf}}{M_{us}}\sin(X_3) - \frac{aB_{sf}}{M_{us}}X_4.\cos(X_3) - \frac{wK_{sf}}{2M_{us}}\sin(X_5) - \frac{wB_{sf}}{2M_{us}}X_6.\cos(X_5) -$$

$$\frac{(K_{sf}+K_u)}{M_{us}}X_9 - \frac{B_{sf}}{M_{us}}X_{10} + \frac{K_u}{M_{us}}Z_{rfr} - Ap\frac{x_{17}}{M_{us}}$$

$$\dot{X}_{11} = X_{12}$$

$$\dot{X}_{12} = \frac{K_{sr}}{M_{us}}X_1 + \frac{B_{sr}}{M_{us}}X_2 + \frac{bK_{sr}}{M_{us}}\sin(X_3) + \frac{bB_{sr}}{M_{us}}X_4.\cos(X_3) + \frac{wK_{sr}}{2M_{us}}\sin(X_5) + \frac{wB_{sr}}{2M_{us}}X_6.\cos(X_5) -$$

$$\frac{(K_{sr}+K_u)}{M_{us}}X_{11} - \frac{B_{sr}}{M_{us}}X_{12} + \frac{K_u}{M_{us}}Z_{rrl} - Ap\frac{x_{19}}{M_{us}}$$

$$\begin{aligned}
\dot{X}_{13} &= X_{14} \\
\dot{X}_{14} &= \frac{K_{sr}}{M_{us}}X_1 + \frac{B_{sr}}{M_{us}}X_2 + \frac{bK_{sr}}{M_{us}}\sin(X_3) + \frac{bB_{sr}}{M_{us}}X_4.\cos(X_3) - \frac{wK_{sr}}{2M_{us}}\sin(X_5) - \frac{wB_{sr}}{2M_{us}}X_6.\cos(X_5) - \\
&\quad \frac{(K_{sr}+K_u)}{M_{us}}X_{13} - \frac{B_{sr}}{M_{us}}X_{14} + \frac{K_u}{M_{us}}Z_{rrr} - Ap\frac{X_{21}}{M_{us}} \\
\dot{X}_{15} &= -\beta.X_{15} - \alpha.Ap(X_2 + \frac{w}{2}X_6.\cos(X_5) - aX_4\cos(X_3) - X_8) + \gamma.\omega_{15}.X_{16} \\
\dot{X}_{16} &= \frac{1}{\tau}(u_{fl} - X_{16}) \\
\dot{X}_{17} &= -\beta.X_{17} - \alpha.Ap(X_2 - \frac{w}{2}X_6.\cos(X_5) - aX_4\cos(X_3) - X_{10}) + \gamma.\omega_{17}.X_{18} \\
\dot{X}_{18} &= \frac{1}{\tau}(u_{fr} - X_{18}) \\
\dot{X}_{19} &= -\beta.X_{19} - \alpha.Ap(X_2 + \frac{w}{2}X_6.\cos(X_5) + bX_4\cos(X_3) - X_{12}) + \gamma.\omega_{19}.X_{20} \\
\dot{X}_{20} &= \frac{1}{\tau}(u_{rl} - X_{20}) \\
\dot{X}_{21} &= -\beta.X_{21} - \alpha.Ap(X_2 - \frac{w}{2}X_6.\cos(X_5) + bX_4\cos(X_3) - X_{14}) + \gamma.\omega_{21}.X_{22} \\
\dot{X}_{22} &= \frac{1}{\tau}(u_{rr} - X_{22}) \\
\text{avec}& \\
\omega_{15} &= \text{sgn}[P_s - \text{sgn}(X_{16})X_{15}]\sqrt{|P_s - \text{sgn}(X_{16})X_{15}|} \\
\omega_{17} &= \text{sgn}[P_s - \text{sgn}(X_{18})X_{17}]\sqrt{|P_s - \text{sgn}(X_{18})X_{17}|} \\
\omega_{19} &= \text{sgn}[P_s - \text{sgn}(X_{20})X_{19}]\sqrt{|P_s - \text{sgn}(X_{20})X_{19}|} \\
\omega_{21} &= \text{sgn}[P_s - \text{sgn}(X_{22})X_{21}]\sqrt{|P_s - \text{sgn}(X_{22})X_{21}|}
\end{aligned}$$

(1.35)

I.4 Conclusion :

Dans ce premier chapitre nous avons cité les différents modèles de véhicules quart, demi(type bicyclette) et complet , sans tenir compte de la dynamique de l'actionneur dans un premier temps, un modèle mathématique qui tient compte de toute la dynamique du système avec actionneur , à part quelques hypothèses simplificatrices pour diminuer la complexité des équations , a été développé pour rapprocher à la réalité .

Chapitre 2

II LE CONCEPT GENERAL DE LA COMMANDE PAR MODE DE GLISSEMENT :

II.1 Introduction

Le réglage par mode de glissement est un fonctionnement particulier des systèmes de réglage à structures variables (SSV) . Ce type de réglage a été étudié d'abord en Union Soviétique par Emelyanov puis par d'autres collaborateurs comme Utkin[20] dans les années cinquante. Ce n'est qu'à partir du début des années 1980 que la commande des systèmes à structures variables (SSV) par le mode de glissement est devenue très intéressante et attractive. Elle est considérée comme une des approches les plus simples pour la commande des systèmes ayant un modèle imprécis. Ceci est dû à la bonne connaissance et à l'appréciation de la robustesse, propriété très importante caractérisant cette commande.

II.2 Théoriede commande par mode de glissement

II.2.1 Systèmeà structure variable :

Un système à structure variable est un système dont la structure change pendant son fonctionnement. Il est caractérisé par le choix d'une fonction et d'une logique de commutation. Ce choix permet au système de commuter d'une structure à une autre à tout instant. De plus, un tel système peut avoir de nouvelles propriétés qui n'existent pas dans chaque structure.

Dans la commande des systèmes à structure variable par mode de glissement[20, 44, 45,46], la trajectoire d'état est amenée vers une surface. Puis à l'aide de la loi de commutation, elle est obligée de rester au voisinage de cette surface . Cette dernière est appelée surface de glissement et le mouvement le long duquel se produit ce phénomène est appelé mouvement de glissement.[21]La trajectoire dans le plan de phase est constituée de trois parties distinctes:

- ❖ Le mode de convergence –**MC**- : c'est le mode durant lequel la variable à régler se déplace à partir de n'importe quel point initial dans le plan de phase, et tend vers la surface de commutation $s(x)=0$ .Ce mode est caractérisé par la loi de commande et le critère de convergence.

❖ Le mode de glissement –**MG**- :c'est le mode durant lequel la variable d'état a atteint la surface de glissement et tend vers l'origine du plan de phase. La dynamique de ce mode est caractérisée par le choix de la surface de glissement s(x)=0.

❖ Le mode du régime permanent –**MRP**-[22] : ce mode est ajouté pour l'étude de la réponse du système autour de son point d'équilibre (origine du plan de phase), il est caractérisé par la qualité et les performances de la commande.

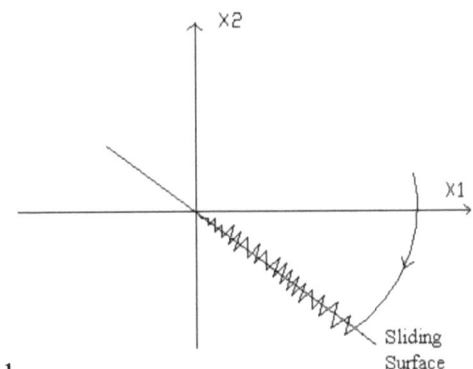

Fig 2.1

II.3 Conception de la commande par mode de glissement

Une des plus simples approche de la commande robuste est la commande par mode de glissement . De très bonnes performances (temps de réponse, précision) peuvent être obtenues en présence d'incertitudes sur les paramètres du système et leurs variations d'une part, et les incertitudes sur les modèles du système d'autre part. Ces performances sont obtenues au prix d'une très forte activité de la commande qui peut se traduire par de très fortes oscillations appelées « Chattering ». La conception des contrôleurs par mode de glissement prend en compte les problèmes de stabilité et de bonnes performances de façon systématique dans son approche, qui est divisée en trois étapes principales :

- ❖ **Choix de surfaces.**
- ❖ **L'établissement des conditions d'existence et de convergence.**
- ❖ **Détermination de la loi de commande.**

II.3.1 Choix des surfaces de glissement :

Le choix de la surface de glissement concerne le nombre et la forme des fonctions nécessaires. Ces deux facteurs dépendent de l'application et de l' objectif visé.

En général, pour un système défini par l'équation d'état suivante :

$$\dot{X} = [A(x)][X] + [B][U] \tag{2.1}$$

Il faut choisir « m » surfaces de glissement, pour un vecteur [U] de dimension « m ».
Pour ce qui est de la forme, J.J. Slotine nous propose une forme d'équation générale pour déterminer la surface de glissement qui assure la convergence d'une variable d'état x vers sa valeur de consigne x ref.

$$S(x) = \left(\frac{d}{dt} + \lambda_x\right)^{r-1} e(x) \tag{2.2}$$

Avec

x : variable à réguler.

e(x) : l'écart de la variable à réguler = x ref − x (2.3)

λx : Constante positive.

r : degré relatif = c'est le nombre de fois qu'on dérive la sortie pour faire apparaître la commande explicitement.

Où : $\frac{ds}{\delta u} \neq 0$: assure la commandabilité.

Pour

r =1 : $S(x) = e(x)$

r =2 : $S(x) = \lambda_x e(x) + \dot{e}(x)$ (2.4)

r =3 : $S(x) = \lambda_x^2 e(x) + 2\lambda_x \dot{e}(x) + \ddot{e}(x)$

$S(x) = 0$ est une équation différentielle linéaire autonome dont la réponse $e(x)$ tend vers zéro pour un choix correct du gain λ_x. En d'autres termes, la difficulté revient à un problème de poursuite de trajectoire dont l'objectif est de garder $S(x)$ à zéro,

II-3.2 **Condition d'existence et de convergence :**

Les conditions de convergence permettent aux dynamiques du système, dans le plan de phase de converger vers la surface de glissement, nous retenons deux conditions de la littérature :
La fonction directe de commutation
C'est la première condition de convergence elle est sous la forme :

$$S(x).\dot{S}(x) < 0 \qquad (2.5)$$

La fonction de Lyapunov
Il s'agit de formuler une fonction scalaire positive $(V(x) > 0)$ pour les variables d'état du systèmes et de choisir une loi de commande qui fera décroître cette fonction $(\dot{V}(x) < 0)$.
En définissant la fonction de Lyapunov :

$$V(x) = \frac{1}{2}S^2(x) \qquad (2.6)$$

Sa dérivée sera :

$$\dot{V}(x) = S(x).\dot{S}(x)$$

Pour que la fonction de Lyapunov décroisse, il suffit d'assurer que :

$$\dot{V}(x) = S(x).\dot{S}(x) < 0$$

Elle est utilisée pour estimer les performances de la commande, pour l'étude de robustesse et garantit également la stabilité du système non linéaire].

II.3.3 Calcul de la commande :

Une fois la surface de glissement choisie ainsi que la vitesse de convergence, il reste à déterminer la commande nécessaire pour attirer la variable à contrôler vers la surface et ensuite vers son point d'équilibre (origine du plan de phase) en maintenant la condition d'existence du mode de glissement.

Une des hypothèses essentielles dans la conception des systèmes à structures variables pour la commande par mode de glissement est que la commande doit commuter entre U_{max} et U_{min} instantanément (fréquence infinie) en fonction du signe de la surface de glissement Dans ce cas des oscillations de très forte fréquence appelé « Chattering » apparaissent dans le mode de glissement et le régime permanent. Ce phénomène peut servir en plus à exciter des dynamiques de haute fréquence négligées durant la modélisation.

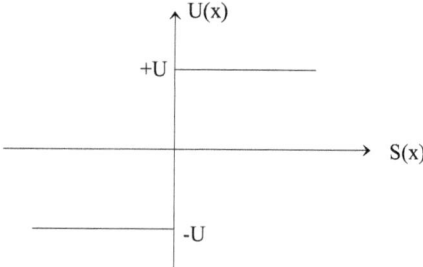

Fig2.2: Commande appliquée au système.

II.3.4 Définition des grandeurs de commande :

La structure d'un contrôleur comporte deux parties, une première concernant la linéarisation exacte et une deuxième stabilisante, représentant la dynamique du système durant le mode de convergence. Cette dernière est très importante dans la technique de commande non linéaire.
Car elle est utilisée pour éliminer les effets d'imprécision du modèle et les perturbations extérieures nous posons donc ;

$$U = U_{eq} + U_n \qquad (2.7)$$

U_{eq} correspond à la commande de linéarisation proposée par Fillipov et Utkin (commande équivalente), telle que la trajectoire de l'écart reste sur la surface de glissement $S(x) = 0$.

La commande équivalente peut être interprété comme la valeur moyenne (continue) que prend la commande lors de la commutation rapide entre U_{max} et U_{min} (figure 2).

La commande équivalente U_{eq} est calculée en reconnaissant que le comportement dynamique durant le glissement est décrit par :

$$S(x) = 0 \qquad (2.8)$$

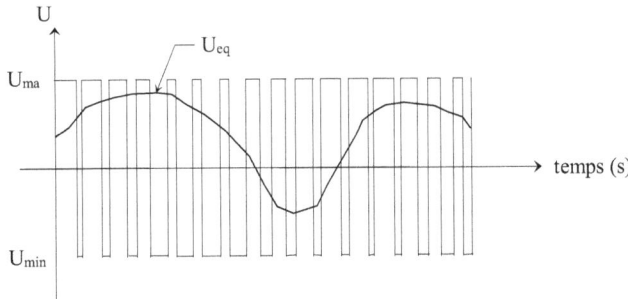

Fig2.3 : La valeur continue U_{eq} prise par la commande lors des commutations entre U_{max} et U_{min}

La commande Un est déterminée pour garantir l'attraction de la variable à contrôler vers la surface et satisfaite la condition de convergence $S(x).\dot{S}(x) < 0.$ En d'autre termes, définir le comportement dynamique de système durant le mode de convergence par :

$$U_n = \dot{S}(x) \qquad (2.9)$$

Application dans l'espace d'état
Considérons le système :

$$[\dot{X}] = [A(x)][X] + [B][U]$$

Le vecteur U est composé de deux grandeurs U_{eq} et U_n.

$U = U_{eq} + U_n$

Nous nous intéressons à déterminer les expressions analytiques de ces grandeurs. Dans un premier temps nous nous occupons du calcul de la commande équivalente à partir des équations du système, ensuite du calcul de l'autre du composante qui définit la dynamique du système. Nous avons :

$$\dot{S}(x) = \frac{dS}{dt} = \frac{\partial S}{\partial x}\frac{dx}{dt} = \frac{\partial S}{\partial x^T}[A(x) + BU_{eq}] + \frac{\partial S}{\partial x^T}[BU_n] \qquad (2.10)$$

Durant le mode de glissement idéal (théorique) et le régime permanent, l'expression de la surface est égale à zéro, sa dérivée est donc nulle, nous avons :

$$U_n = 0$$
$$U_{eq} = -\left[\frac{\partial S}{\partial x}B\right]^{-1}\left[\frac{\partial S}{\partial x}A(x)\right] \qquad (2.11)$$

Durant le mode de convergence, en remplaçant le terme U_{eq} par son expression (2.11) dans l'équation (2.10), nous obtenons l'expression de la dérivée de la surface suivante :

$$\dot{S}(x) = \frac{\partial S}{\partial x} B U_n \qquad (2.12)$$

Sachant que :

$$\frac{\partial S}{\partial x} B = \frac{\partial \dot{S}}{\partial u} \neq 0 \qquad (2.13)$$

Condition bien définie dans le choix de la surface glissante (2.2) pour assurer la commandabilité, par conséquent :

$$\dot{S}(x) = U_n$$

Le problème revient à trouver U_n, telle que : $S(x).\dot{S}(x) < 0$

$$S(x) \frac{\partial S}{\partial x} B.U_n < 0 \qquad (2.14)$$

Donc, il faut que le signe de Un, soit opposé à celui de $S(x)\frac{\partial S}{\partial x} B$. $\qquad (2.15)$

La forme la plus simple que peut prendre Un,
Définition de la fonction Un.

$$U_n = q.signe(S(x)) \qquad (2.16)$$

Le choix de la constante q est très influent, car si la constante q est très petite le temps de réponse est trop long et si elle est trop grande, le « Chattering » apparaît.

Cette démarche pour la détermination de la loi de commande est applicable pour les systèmes multi variables, comme pour les systèmes mono variables. Le calcul de U_{eq}, solution de $S(x) = 0$, nécessite une partie de découplage pour obtenir p sous système tels que :

$$\dot{S}(x_i) = U_{ni} \qquad (2.17)$$

II.4 Le phénomène CHATTERING :

Dans le but de réduire les oscillations, nous allons présenter deux solutions qui reposent sur la variation de la valeur de la commande Un en fonction de la distance entre la variable d'état et la surface de glissement. Celles-ci consistent à encadrer la surface par une bande avec un ou deux seuils de façon à diminuer ou éliminer l'effet de la fonction $U_n = q.signe(S(x))$, origine du Chattering[23][24].

II.4.1 Commande classique

Cette commande est caractérisée par un seuil,

$$U_n = \begin{cases} 0 & \text{si } |S(x)| < \mu \\ q\, signe\,(S(x)) & \text{si } |S(x)| \geq \mu \end{cases} \qquad (2.18)$$

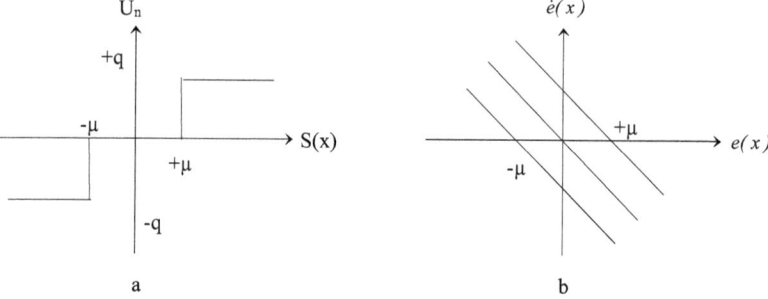

Fig 2.4 Commande classique : a) fonction signe, b) bande qui entoure la surface dans le plan de phase.

Bien que la commande annule l'effet de la fonction signe dans une bande autour de la surface, elle n'est pas très utilisée pour deux raisons. En présence d'une perturbation, la dynamique du système quitte la surface de glissement ainsi que la bande qui l'entoure, par conséquent Un intervient avec toute sa valeur pour ramener la dynamique sur la surface et le Chattering persiste dans le fonctionnement en régime permanent du système d'une part, d'autre part elle reste irréalisable dans la pratique où la limitation physique des interrupteurs intervient. Un adoucissement de la commande Un est donc nécessaire.

II.4.2 Commande adoucie :

Cette commande est caractérisée par un ou deux seuils pour diminuer progressivement la valeur de la commande Un. Ceci est en fonction de l'approche de l'état vers la surface dans la région qui encadre cette dernière, suivant une pente qui lie la valeur de la commande Un entre les deux seuils ou dans le cas d'un seul seuil par une pente qui passe par l'origine dans le plan (S(x), Un),

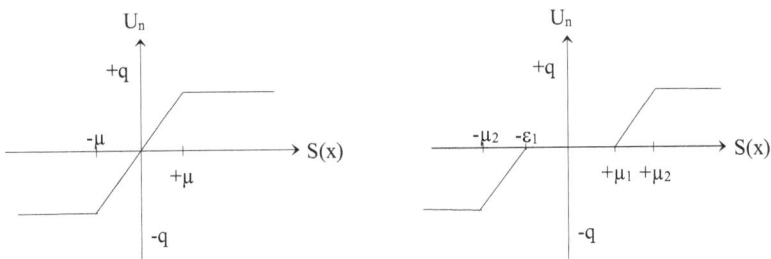

Fig 2.5: Fonction signe de la commande adoucie.

Quelque soit la méthode d'adoucissement utilisée pour limiter le Chattering, nous remarquons que plus le seuil est grand, moins il y a de commutation, néanmoins s'il est trop grand, il y a problème de précision.

II.5 Conclusion

Ce deuxième chapitre nous a permis de présenter le concept général de la commande des systèmes à structure variable effectuée en trois étapes principales

- ❖ **Choix de surfaces.**
- ❖ **L'établissement des conditions d'existence et de convergence.**
- ❖ **Détermination de la loi de commande.**

Cette commande présente les caractéristiques suivantes :

- Elle est robuste
- Le choix de la surface de commutation est assez libre
- On peut étendre la technique à des surfaces autres que des droites, de dimensions quelconque, et à des intersections d'autant de telles surfaces qu'on a de commandes disponibles.
- Nulle part on n'a postulé la linéarité du système ; ce principe est utilisable avec des systèmes non-linéaires.

Dans les chapitres 3 et 4 nous présenterons l'application de cette technique de commande sur
Le système de suspension.

Chapitre 3

III. COMMANDE CENTRALISEE PAR MODE DE GLISSEMENT

III.1 Introduction:

Nous présentons tout d'abord les problèmes de performances (confort, tenue de route, débattement de la suspension, bruit de mesure) puis ceux de robustesse (incertitudes).
La suspension d'un véhicule a pour rôle principal d'assurer le confort des passagers et la tenue de route du véhicule.

III.1.1. confort

La notion de confort est associée au bien-être des passagers dans le véhicule. Or le corps humain est sensible à l'accélération. En effet, à vitesse constante (accélérationnulle) le corps humain ne ressent aucune force agissant sur lui.
Certaines normes ISO (ISO2631-1978, E) définissent des seuils de tolérance du corps humain aux vibrations en fonction de l'amplitude, de la fréquence et de la durée des perturbations. Ainsi l'objectif du confort est de réduire entre autres l'accélération verticale de la caisse du véhicule dans la bande de fréquences (entre 1 et 8 hzenviron)de sensibilité des passagers .

III.1.2-tenue de route.

La tenue de route caractérise la capacité du véhicule à adhérer à la route et donc à répondre aux sollicitations du conducteur. Effectivement, lorsque les roues adhérent mal à la route, le conducteur contrôle difficilement son véhicule.
Ainsi la tenue de route est liée à la capacité du système à fournir une force longitudinale(en cas d'accélération ou de freinage) et /ou latérale (en cas de virage) entre le pneu la route. Cette force d'adhérence au sol dépend de plusieurs facteurs qui ne sont pas tous contrôlables.
-Le type de surface :
- les caractéristiques des pneus
-la charge des pneus.

III.1.3-Buté de suspension

En pratique, les éléments constituant la suspension du véhicule disposent d'un débattement limité. Il est donc important de prendre en compte le débattement maximal des suspensions dans la synthèse d'une loi de commande afin d'éviter les chocs qui surviennent lorsque la suspension arrive en fin de course. Cependant, le débattement est nécessaire pour réaliser l'objectif de confort de la caisse. Le but est donc uniquement de la contraindre à rester dans un certain intervalle.

III.2 Système quart de véhicule :

Pour obtient la surface du mode de glissement on fait appelle à l'approche Backstepping[25] [26] [27]

Nous devons donc choisir la variable à réguler : $Z_1 = X1 - \widetilde{X3}$ [5]

Ou $\widetilde{X3}$ est la version filtrée du déplacement de la masse non suspendue X3

Ce choix représente la première étape vers la conception d'un contrôleur mode glissant.

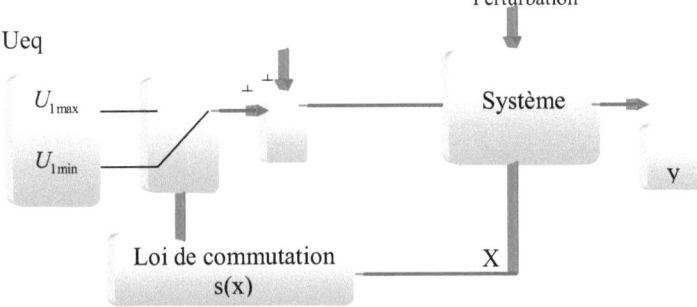

Fig(3.1)

Ou : $\tilde{X}_3 = \dfrac{\varepsilon}{s + \varepsilon} X_3$ (3.1)

Etape 1 :

Soit la fonction de Lyapunov $V_1 = \dfrac{1}{2} z_1^2$ (3.2)

La dérivée de cette fonction de Lyapunov est :

$\dot{V} = z_1 \dot{z}_1 =$

$$= z_1 \left(X_2 - \varepsilon(X_3 - \tilde{X}_3) \right)$$
$$= z_1 (X_2 - \varepsilon X_3 + \varepsilon X_1 - \varepsilon z_1)$$

On choisit la première commande virtuelle

$G_1 = -c_1 z_1 - \varepsilon(X_1 - X_3)$

Ce qui donne $\dot{V}_1 = -(c_1 + \varepsilon) z_1^2 < 0$ (3.3)

On pose $\quad z_2 = X_2 - G_1 \quad$ Donc $\quad \dot{z}_1 = -(c_1 - \varepsilon)z_1 + z_2$ \hfill (3.4)

Etape 2 :

On prend la deuxième fonction de Lyapunov

$$V_2 = \frac{1}{2}z_1^2 + \frac{1}{2}z_2^2 \tag{3.5}$$

La dérivée de cette fonction de Lyapunov est :

$$\dot{V}_2 = z_1(-(c_1 + \varepsilon)z_1 + z_2) + z_2(\dot{X}_2 - \dot{G}_1)$$

$$= -(c_1 - \varepsilon)z_1^2 + z_1 z_2 + z_2\left(-\frac{1}{m_s}(k_s(X_1 - X_3) + c_s(X_2 - X_4) - AX_5) - \dot{G}_1\right)$$

On choisit deuxième commande virtuelle

$$G_2 = \frac{m_s}{A}\left(-z_1 - c_2 z_2 + \frac{k_s}{m_s}(X_1 - X_3) + \frac{B_s}{m_s}(X_2 - X_4) + \dot{G}_1\right) \tag{3.6}$$

Avec $\quad \dot{G}_1 = -c_1 \dot{z}_1 - \varepsilon(X_2 - X_1)$ \hfill (3.7)

On assure alors que $\quad \dot{V}_2 < 0$

On pose $z_3 = X_5 - G_2$ Donc $\dot{z}_2 = \frac{A}{m_s}z_3 - z_1 - c_2 z_2$ \hfill (3.8)

Etape 3 :

On la troisième fonction de Lyapunov $V_3 = \frac{1}{2}z_1^2 + \frac{1}{2}z_2^2 + \frac{1}{2}z_3^2$ \hfill (3.9)

Ce qui donne

$$\dot{V}_3 = z_1 \dot{z}_1 + z_2 \dot{z}_2 + z_3 \dot{z}_3$$
$$= -(c_1 + \varepsilon)z_1^2 - c_2 z_2^2 + z_3\left(\dot{z}_3 + \frac{A}{m_s}z_2\right) \tag{3.10}$$

Avec $\quad \dot{z}_3 = -\beta X_5 - \alpha A(X_2 - X_4) + \gamma \omega_3 X_6 - \dot{G}_2$ \hfill (3.11)

On choisit la troisième commande virtuelle :

$$G_3 = \frac{1}{\gamma \omega_3}\left(\beta X_5 + \alpha A(X_2 - X_4) + \dot{G}_2 - \frac{A}{m_s}z_2 - c_3 z_3\right) \tag{3.12}$$

Sachant que

$$\dot{G}_2 = \frac{A}{m_s}\left(-\dot{z}_1 - c_2\dot{z}_2 + \frac{k_s}{m_s}(X_2 - X_4) + \frac{B_s}{m_s}\omega_1 + \ddot{G}_1\right)$$

$$\omega_1 = -m_t(k_s(X_1 - X_3) + B_s(X_2 - X_4) - AX_5) + \frac{k_{us}}{m_{us}}X_3 \tag{3.13}$$

$$m_t = \frac{1}{m_s} + \frac{1}{m_{us}}$$

$$\ddot{G}_1 = -c_1(-(c_1 + \varepsilon)\dot{z}_1 + \dot{z}_2) - \varepsilon\omega_1$$

On assure donc que $\dot{V}_3 < 0$

On pose $S = X_6 - G_3$ Donc $\dot{z}_3 = \gamma\omega_3 S - \frac{A}{m_s}z_2 - c_3 z_3$ \hfill (3.14)

S Est la surface de glissement pour la commande stabilisante.

Etape 4 :

On choisit la fonction globale de Lyapunov

$$V_4 = \frac{1}{2}z_1^2 + \frac{1}{2}z_2^2 + \frac{1}{2}z_3^2 + \frac{1}{2}S^2 \tag{3.15}$$

Donc $\dot{V}_4 = z_1\dot{z}_1 + z_2\dot{z}_2 + z_3\dot{z}_3 + S\dot{S}$

Si on pose $\dot{S} = -q\,\mathrm{sgn}S - kS$ avec q,k>0

Sachant que :

$$\dot{S} = \dot{X}_6 - \dot{G}_3$$

$$= \frac{1}{2}(u - X_6) - \dot{G}_3$$

On assure donc que $\dot{V}_4 < 0$

Enfin la loi de commande résultante par mode de glissement et de la forme :

$$u = \tau(\dot{S} + \dot{G}_3) + X_6 \tag{3.16}$$

Avec

$$\dot{G}_3 = \frac{1}{\gamma\omega_3}\left(\beta\dot{X}_5 + \alpha A\omega_1 + \ddot{G}_2 - \frac{A}{m_s}\dot{z}_2 - c_3\dot{z}_3\right)$$

$$\ddot{G}_2 = \frac{m_s}{A}\left[(c_1 + \varepsilon + c_2)\dot{z}_1 - (1 - c_2^2)\dot{z}_2 - c_2\frac{A}{m_s}\dot{z}_3 + \frac{k_s}{m_s}\omega_1 + \frac{c_s}{m_s}\dot{\omega}_1 + \ddot{G}_1\right]$$

$$\dot{\omega}_1 = -m_s\left(k_s(X_2 - X_4) + B_s\omega_1 - A\dot{X}_5\right) + \frac{k_{us}}{m_{us}}X_4$$

$$\dddot{G}_1 = -c_1(c_1 + \varepsilon)^2\dot{z}_1 + c_1(c_1 + \varepsilon)\dot{z}_1 + c_1c_2\dot{z}_2 + c_1\dot{z}_1 - \frac{c_1 A}{m_s}\dot{z}_3 - \varepsilon\dot{\omega}_1$$

(3.17)

Les termes c_1, c_2, c_3 sont des constantes positives.

- **Paramètres de simulation** :[13]

  La limite de la course de suspension=0.08m

  La limite de la course de la valve=0.01m

  A=0.000335m² ; β=1s⁻¹ ; α=4.515*(10^13)N/m⁵ ; Ps=1034250Pa(1500psi)

  τ=1/30s ; γ=1.545*(10^9)N/(m^{5/2}Kg^{1/2}) ; M_s=290Kg ; K_s=16812 N/m ;

  B_s=1000N/ms⁻¹ ; M_{us}=59Kg ; K_{us}=190000N/m

III.2.1) Simulation en boucle fermée:

Dans cette partie, on doit simuler la suspension quart de véhicule active (non linéaire) avec la commande mode glissant. Pour réaliser des tests de robustesse on a choisi deux profils de la route, ces types de perturbation, et une variation de la masse (caisse) ..

Par ailleurs et à travers la variation de la valeurs d'ε , on appréhendera le compromis entre maximisation du confort et minimisation de la suspension .

III.2.1.1 perturbation de la route:

- **Ralentisseur** (passage sur dos d'âne): $X_r(t) = \begin{cases} H\sin(\frac{v.\pi}{l}.t)\, pour & 0 \leq t \leq \frac{l}{v} \\ 0 & ailleurs \end{cases}$

  En prenant H=0.05m et l=2m.

H, l : sont respectivement la hauteur et la largeur du ralentisseur; v: la vitesse du véhicule.

- **Ralentisseur** (passage sur trottoir) $X_r(t) = \begin{cases} 0 & pour \quad t \leq 0.3 \\ 0.05 & ailleurs \end{cases}$

Fig 3.2: Ralentisseur échelon

Fig 3.3: Ralentisseur dos d'âne 10km/h

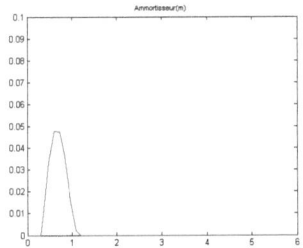

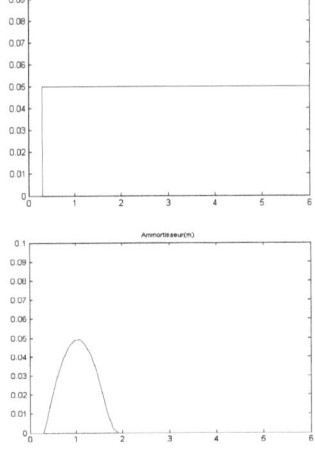

Fig 3.4: Ralentisseur dos d'âne 5km/h

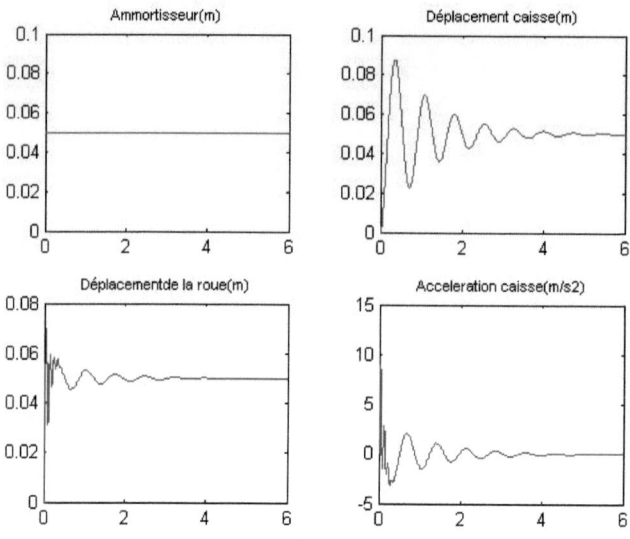

Fig3.5: Réponse temporelle d'un système passive quart de véhicule en boucle ouverte échelon (0.05m)

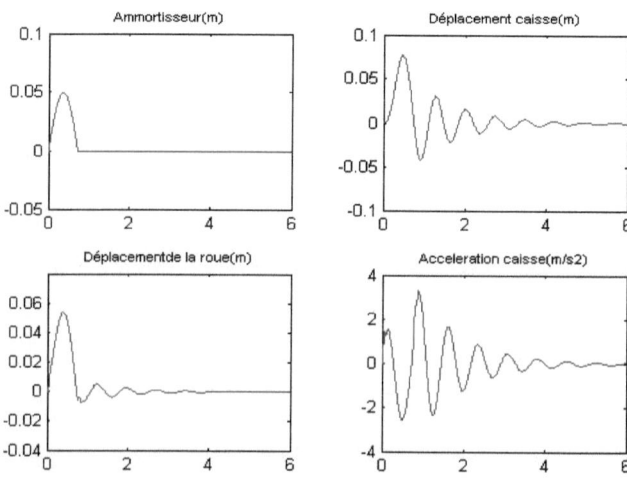

Fig 3.6: Passage sur un dos d'âne de 0.05m, à une vitesse de 10 km/h quart de véhicule (système passive)

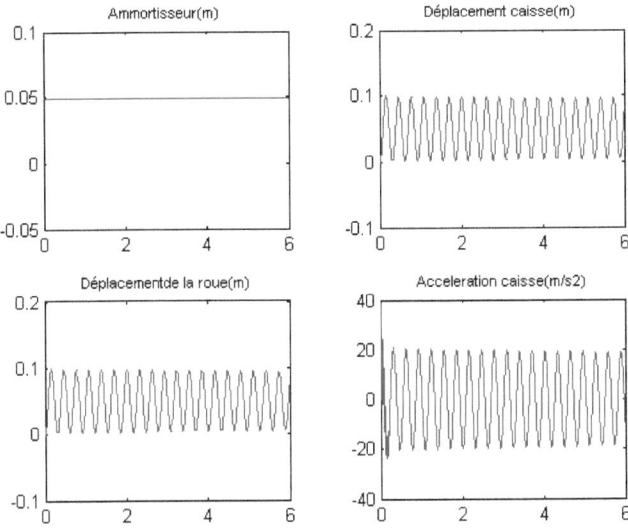

Fig 3.7: Passage sur un trottoir de 0.05m, à une vitesse de 10 km/h et U=0
(quat de véhicule avec actionneur)

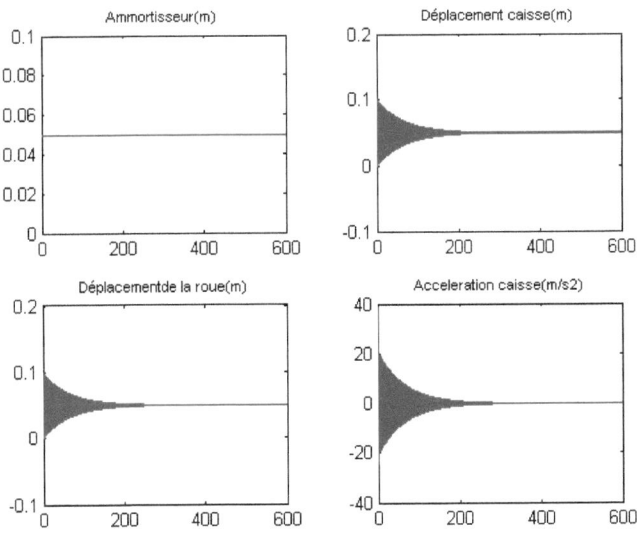

Fig 3.8: Passage sur un trottoir de 0.05, à une vitesse de 10km/h et U=0 et t=600s

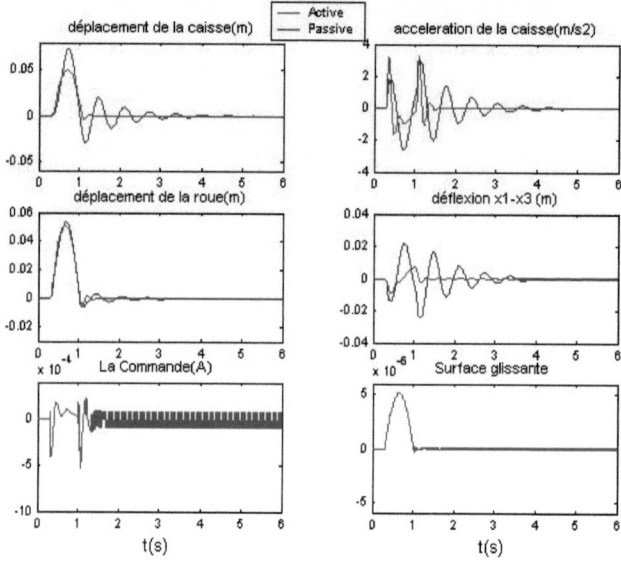

Fig 3.9: Réponse des différents paramètres à un passage sur un dos d'âne(0.05m) avec
ε=30 Ms=300 v=10km/h(quart)

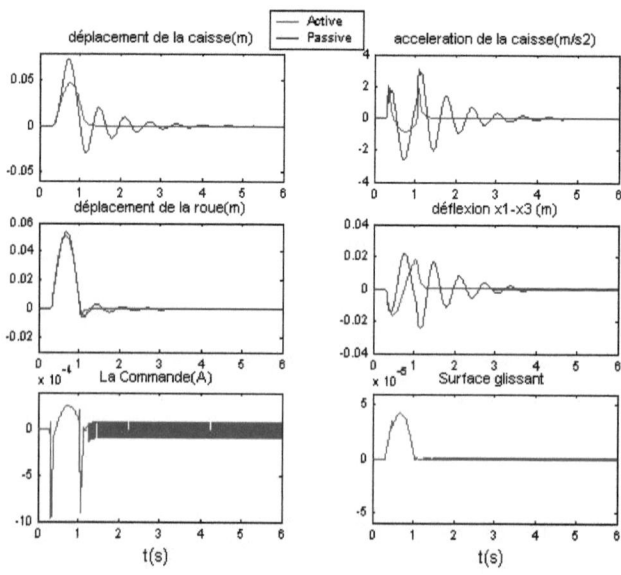

Fig 3.10: Réponse des différents paramètres à un passage sur un dos d'âne(0.05m) avec
ε=10 Ms=300 v=10km/h (quart)

Chapitre 3 : Commande centralisée par mode de glissement

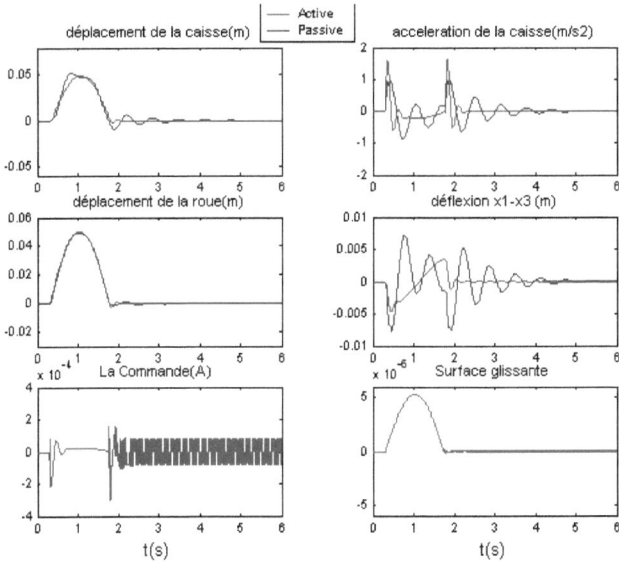

Fig 3.11: Réponse des différents paramètres à un passage sur un dos d'âne(0.05m) avec
ε=30 Ms=300 v=5km/h(quart)

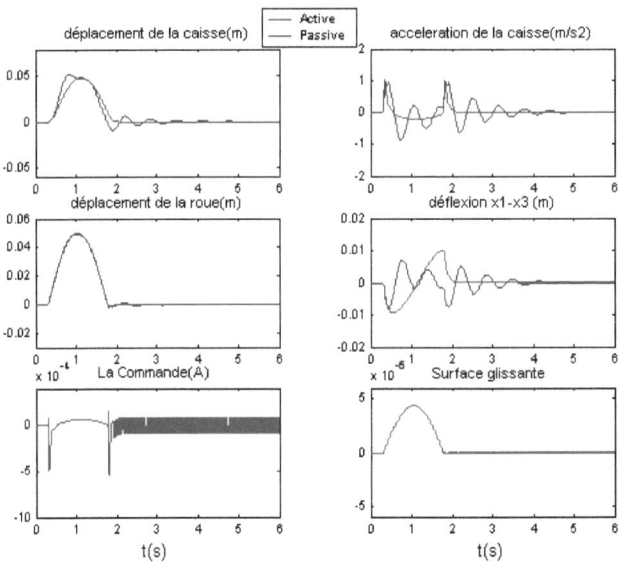

Fig 3.12: Réponse des différents paramètres à un passage sur un dos d'âne(0.05m) avec
ε=10 Ms=300 v=5km/h(quart)

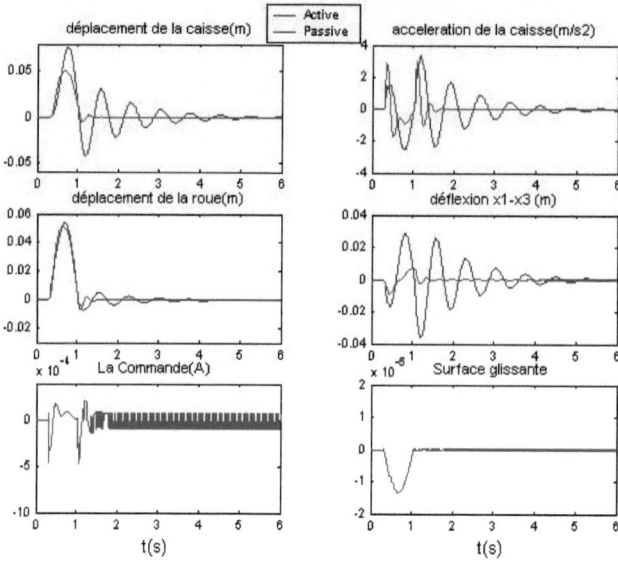

Fig 3.13: Réponse des différents paramètres à un passage sur un dos d'âne (0.05m) avec
$\varepsilon=30$ $\Delta Ms=100$ v=10km/h(quart)

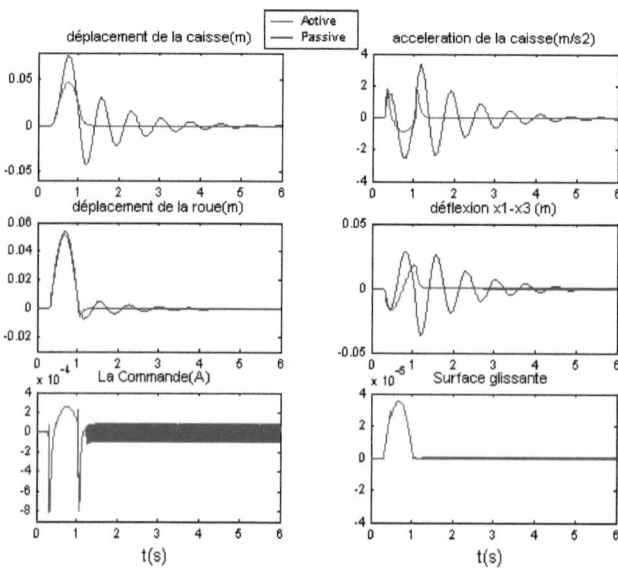

Fig3.14: Réponse des différents paramètres à un passage sur un dos d'âne(0.05m) avec
$\varepsilon=10$ $\Delta Ms=100$ v=10km/h(quart)

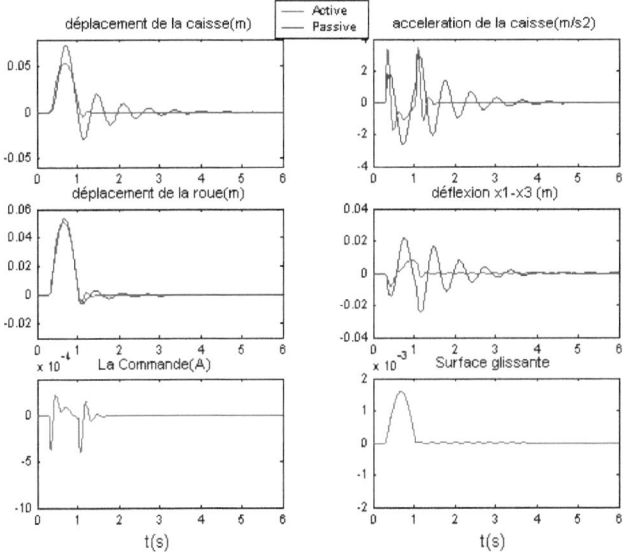

Fig3.15: Réponse des différents paramètres à un passage sur un dos d'âne(0.05m) avec $\varepsilon=30$ Ms=300 v=10km/h avec la fonction SAT (quart)

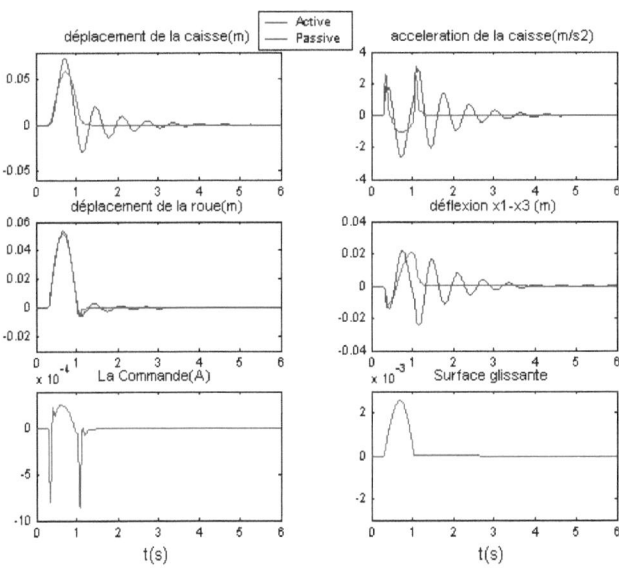

Fig3.16: Réponse des différents paramètres à un passage sur un dos d'âne(0.05m) avec $\varepsilon=10$ Ms=300 v=10km/h avec la fonction SAT (quart)

Chapitre 3 : Commande centralisée par mode de glissement

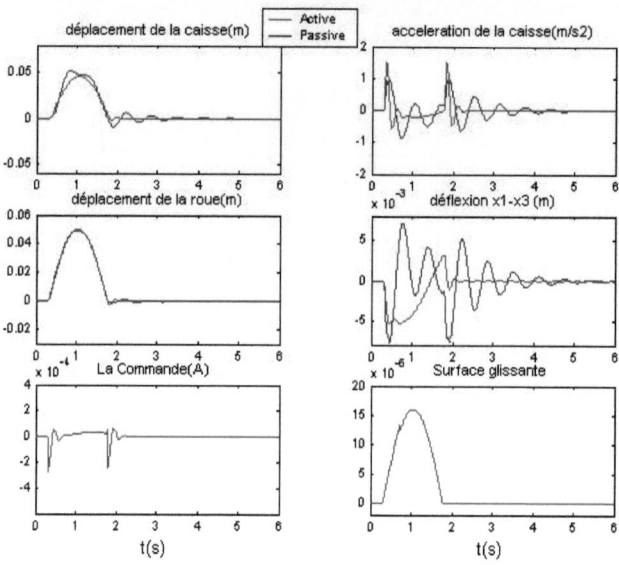

Fig3.17: Réponse des différents paramètres à un passage sur un dos d'âne(0.05m) avec $\varepsilon=30$ Ms=300 v=5km/h avec la fonction SAT(quart)

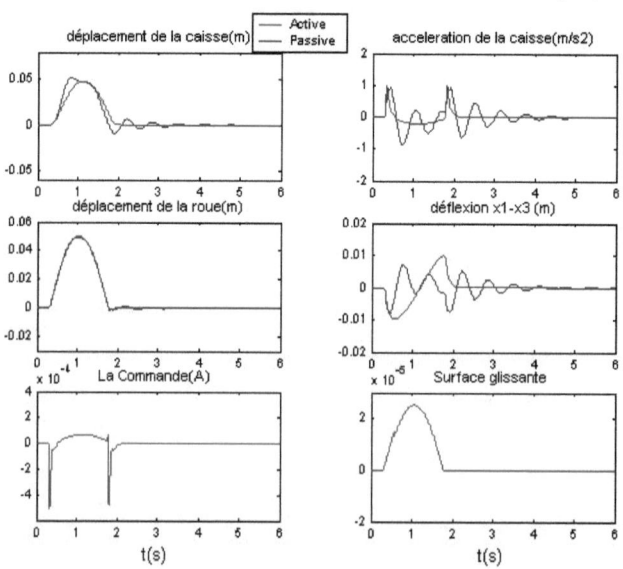

Fig 3.18: Réponse des différents paramètres à un passage sur un dos d'âne(0.05m) avec $\varepsilon=10$ Ms=300 v=5km/h avec la fonction SAT (quart)

Chapitre 3 : Commande centralisée par mode de glissement

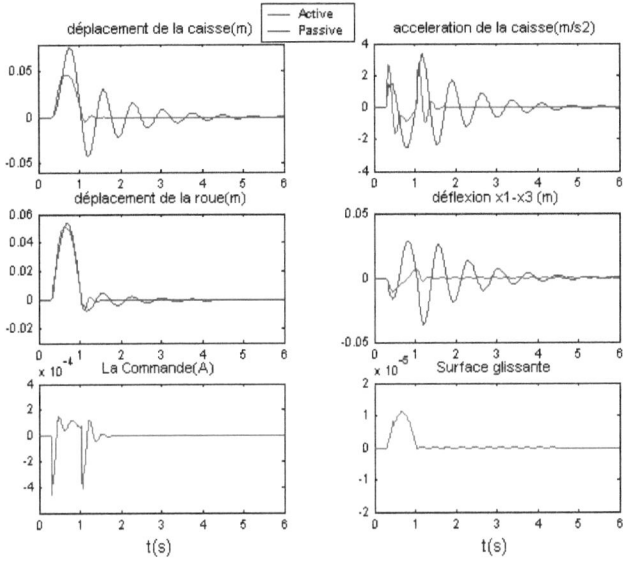

Fig 3.19: : Réponse des différents paramètres à un passage sur un dos d'âne(0.05m) avec ε=30 Δ Ms=100 v=10km/h avec la fonction SAT (quart)

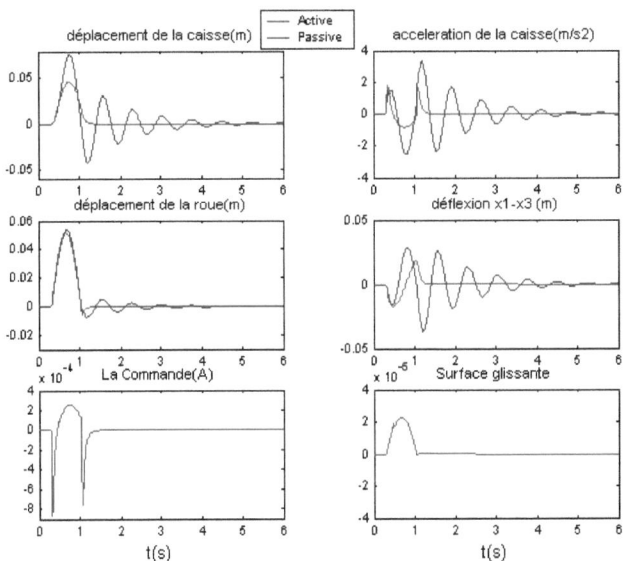

Fig 3.20: : Réponse des différents paramètres à un passage sur un dos d'âne(0.05m) avec ε=10 Δ Ms=100 v=10km/h avec la fonction SAT (quart)

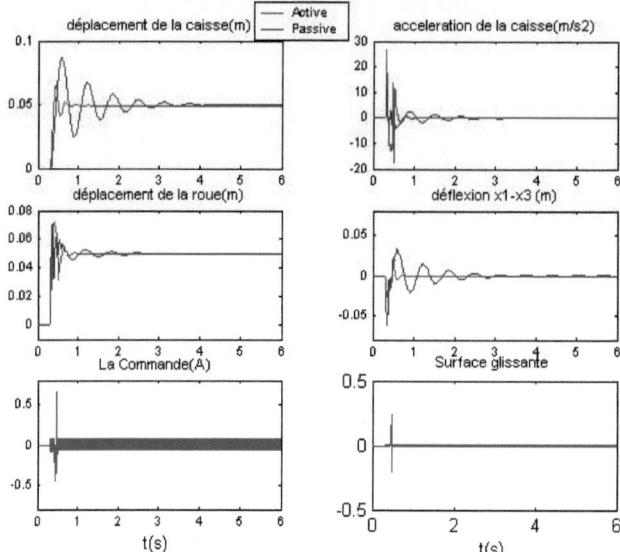

Fig 3.21: Réponse des différents paramètres à un passage sur un échelon (0.05m) avec $\varepsilon=30$ Ms=300 v=10km/h (quart)

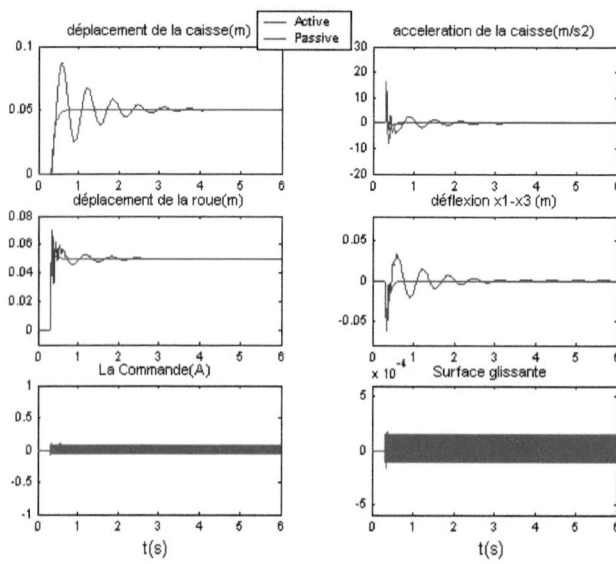

Fig 3.22: Réponse des différents paramètres à un passage sur un échelon (0.05m) avec $\varepsilon=10$ Ms=300 v=10km/h (quart)

III.2.2 Interprétation des résultats

Les résultats de simulation obtenus avec la technique mode de glissement , y compris les différents test par rapport aux perturbations ainsi qu'aux variation de la vitesse de véhicule sont présentés sur les figures fig3.9 - fig3.22 , où sont présentés le déplacement de la caisse , accélération de la caisse, déplacement de la roue, la déflexion, la commande ainsi que la surface de glissement .

Pour une perturbation dos d'âne :

- La caisse atteint la position d'équilibre sans oscillation, suivant la configuration choisis.
- L'amélioration des performance du confort par rapport au passive avec une configuration de €petit .
- L'amélioration des performance de sécurité par rapport au passive. Avec une configuration de €grand.
- Les résultats obtenus avec changement de la masse de la caisse notre commande obtient les performances de même qualité de celle obtenus pour $\Delta M=0$.
- Les résultats obtenus avec changement de la vitesse de vehicule(5km/h) donne les même résultats de celle de la vitesse (10km/h)
- A partir des résultat obtenus pour la commande adoucie (SAT) , nous concluons que les critères de performance sont de même qualité que par la loi de commande de type (sign), mais avec une commande moins oscillante. Ce qui implique une bonne robustesse du régulateur .

Dans le cas d'un profil de route montée trottoir l'accélération impulse.

III.3 Système demi véhicule :

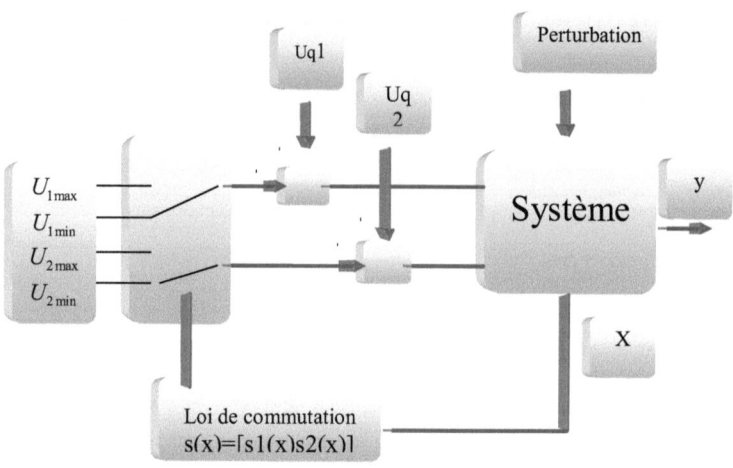

Fig(3.23)

Dans ce cas on un a deux variables à réguler :

Z_1 Déplacement de la roue avant

$$\text{Avec } Z_1 = X_1 - aX_3 - \bar{X}_5 \quad (3.18)$$

Z_4 Déplacement de roue arrière

$$\text{Avec } Z_4 = X_1 + bX_3 - \bar{X}_7 \quad (3.19)$$

Et

$$\bar{X}_5 = \frac{\varepsilon}{s+\varepsilon} X_5, \quad \bar{X}_7 = \frac{\varepsilon}{s+\varepsilon} X_7$$

Etape 1 :

Soit la fonction de Lyapunov $V_1 = \frac{1}{2} z_1^2$ \quad (3.20)

La dérivée de cette fonction de Lyapunov est :
$\dot{V} = z_1 \dot{z}_1$

(3.21)

On choisit la première commande virtuelle
$$G_1 = -C_1 Z_1 - \varepsilon(X_1 - aX_3 - X_5) \tag{3.22}$$

Ce qui donne $\dot{V}_1 = -(C_1 + \varepsilon)Z_1^2$ (3.23)

On pose
$$Z_2 = X_2 - aX_4 - G_1 \tag{3.24}$$

Donc $\dot{Z}_1 = -(c_1 + \varepsilon)Z_1 + Z_2$ (3.25)

Etape 2
On prend la deuxième fonction de lyapunov,
$$V_2 = \frac{1}{2}Z_1^2 + \frac{1}{2}Z_2^2 \tag{3.26}$$
Donc

$$\dot{V}_2 = Z_1(-C_1 + \varepsilon)Z_1 + Z_2) + Z_2(\dot{X}_2 - a\dot{X}_4 - \dot{G}_1)$$

$$= -(-C_1 + \varepsilon)Z_1^2 + Z_1 Z_2 + Z_2\left[\alpha_1 - a\alpha_2 + \left(\frac{A_p}{m_s} - a^2\frac{A_p}{I_{yy}}\right)X_9 + \left(\frac{A_p}{m_s} - ab\frac{A_p}{I_{yy}}\right)X_{10} - \dot{G}_1\right]$$

On choisit la deuxième commande virtuelle
$$G_2 = -Z_1 - C_2 Z_2 - \alpha_1 + a\alpha_2 + \dot{G}_1 \tag{3.27}$$

Avec $\dot{G}_1 = -C_1 \dot{Z}_1 - \varepsilon(X_2 - aX_4 - X_6)$

$$\alpha_1 = -\frac{K_f + K_r}{M_s}X_1 - \frac{B_f + B_r}{M_s}X_2 + \frac{a.K_f - b.K_r}{M_s}X_3 + \frac{a.B_f - b.B_r}{M_s}.X_4$$
$$+ \frac{K_f}{M_s}X_5 + \frac{B_f}{M_s}X_6 + \frac{K_r}{M_s}X_7 + \frac{B_r}{M_s}X_8$$

$$\alpha_2 = \frac{a.K_f - b.K_r}{M_s.r_y^2}X_1 + \frac{a.B_f - b.B_r}{M_s.r_y^2}X_2 - \frac{a^2.K_f + b^2.K_r}{2.M_s.r_y^2}.X_3$$
$$- \frac{a^2.B_f + b^2.B_r}{M_s.r_y^2}X_4 - \frac{a.K_f}{M_s.r_y^2}X_5 - \frac{a.B_f}{M_s.r_y^2}X_6 + \frac{b.K_r}{M_s.r_y^2}X_7 + \frac{b.B_r}{M_s.r_y^2}X_8. \tag{3.29}$$

Donc on assure que $\dot{V}_2 \langle 0$

On pose $Z_3 = C_{f9}X_9 + C_{f10}X_{10} - G_2$ (3.30)

$$C_{f9} = \frac{A_p}{m_s} - a^2 \frac{A_p}{I_{yy}}$$

$$C_{f10} = \frac{A_p}{m_s} - ab \frac{A_p}{I_{yy}}$$

Etape3
On prend la troisième fonction de lyapunov

$$V_3 = \frac{1}{2} Z_1^2 + \frac{1}{2} Z_2^2 + \frac{1}{2} Z_3^2$$

$$\dot{V}_3 = Z_1 \dot{Z}_1 + Z_2 \dot{Z}_2 + Z_3 \dot{Z}_3$$

$$= -(c_1 + \varepsilon) Z_1^2 - c_2 Z_2^2 + Z_3 (\dot{Z}_3 + Z_2)$$

$$\dot{Z}_3 = \left[C_{f9} \alpha_{2f} + C_{f10} \alpha_{2r} + C_{f11} X_{11} + C_{f12} X_{12} \right] - \dot{G}_2 \text{ avec}$$

$$\alpha_{2f} = -B_f X_9 - \alpha_f A(X_2 - aX_4 - X_6)$$

$$\alpha_{2r} = -B_r X_{10} - \alpha_r A(X_2 + bX_4 - X_6) \tag{3.31}$$

et

$$C_{f11} = C_{f9} \gamma_f \omega_f$$
$$C_{f12} = C_{f10} \gamma_r \omega_r \tag{3.32}$$

En choisissant la troisième commande virtuelle

$$G_3 = -C_{f9}\alpha_{2f} - C_{f10}\alpha_{2r} - C_3 Z_3 - Z_2 + \dot{G}_2 \tag{3.33}$$

Sachant que

$$\dot{G}_2 = -\dot{Z}_1 - \dot{Z}_2 C_2 - \dot{\alpha}_1 + \dot{\alpha}_2 a + \ddot{G}_1$$

$$\ddot{G}_1 = -C_1 \ddot{Z}_1 - \varepsilon(\dot{X}_2 - a\dot{X}_4 - \dot{X}_6) \tag{3.34}$$

$$Z_1 = ((C_1 + \varepsilon)^2 - 1)Z_1 - (C_1 + C_2 + \varepsilon)Z_2 + Z_3$$

On assure que $\dot{V}_3 \langle 0$

On pose
$$S_1 = C_{f11} X_{11} + C_{f12} X_{12} - G_3$$
Donc $\dot{Z}_3 = S_1 - Z_2 - Z_3 C_3 \tag{3.35}$

Étape 4
On choisit la quatrième fonction de lyapunov

$$V_4 = \frac{1}{2}Z_1^2 + \frac{1}{2}Z_2^2 + \frac{1}{2}Z_3^2 + \frac{1}{2}S_1^2 \tag{3.36}$$

$$\dot{V}_4 = Z_1\dot{Z}_1 + Z_2\dot{Z}_2 + Z_3\dot{Z}_3 + S_1\dot{S}_1$$

$$= -(c_1+\varepsilon)Z_1^2 - c_2 Z_2^2 + Z_3(\dot{Z}_3 + Z_2) + S_1\dot{S}_1$$

$$\dot{S}_1 = -q_1 \operatorname{sgn} S_1 - k_1 S_1 \qquad \text{avec} \quad q_1 k_1 \rangle 0$$

$$\dot{S}_1 = \frac{C_{f11}}{\tau}(U_f - X_{11}) + \frac{C_{f12}}{\tau}(U_r - X_{12}) - \dot{G}_3 \tag{3.37}$$

On assure que $\dot{V}_4 \langle 0$

Nous avons la première équation a résoudre pour les deux commandes
$$C_{f11}U_f + C_{f12}U_r = \tau(\dot{S}_1 + \dot{G}_3) + C_{f11}X_{11} + C_{f12}X_{12} \tag{3.38}$$

Avec

$$\dot{G}_3 = -C_{f9}\dot{\alpha}_{2f} - C_{f10}\dot{\alpha}_{2r} - C_3\dot{Z}_3 - \ddot{Z}_2 + \ddot{G}_2$$

$$\ddot{G}_2 = -\ddot{Z}_1 - C_2\ddot{Z}_2 - \ddot{\alpha}_1 + a\ddot{\alpha}_2 + \dddot{G}_1 \tag{3.39}$$

$$\ddot{Z}_2 = (C_1 + C_2 + \varepsilon)Z_1 + (C_2^2 - 2)Z_2 - (C_3 + C_2)Z_3 + S_1$$

$$\dddot{G}_1 = -C_1\dddot{Z}_1 - \varepsilon(\ddot{X}_2 - a\ddot{X}_4 - \ddot{X}_6)$$

$$\dddot{Z}_1 = -(C_1+\varepsilon)\ddot{Z}_1 + \ddot{Z}_2$$

Avec identification pour l'autre roue on trouve :
$$C_{r11}U_f + C_{r12}U_r = \tau(\dot{S}_2 + \dot{G}_6) + C_{r11}X_{11} + C_{r12}X_{12} \tag{3.40}$$

$$U=\begin{bmatrix}C_{f11} & C_{f12}\\ C_{r11} & C_{r12}\end{bmatrix}^{-1}\begin{bmatrix}\tau(\dot{S}_1+\dot{G}_1)+C_{f11}X_{11}+C_{f12}X_{12}\\ \tau(\dot{S}_2+\dot{G}_6)+C_{r11}X_{11}+C_{r12}X_{12}\end{bmatrix}$$ (3.41)

Avec

$$\begin{aligned}C_{r11} &= C_{f9}\gamma_f\omega_f\\ C_{r12} &= C_{f9}\gamma_r\omega_r\end{aligned}$$ (3.42)

$$\dot{S}_2 = -q_2\,\mathrm{sgn}\,S_2 - k_2 S_2 \qquad avec \quad q_2, k_2 \rangle 0$$

$$C_{r9} = \frac{A_p}{m_s} - a^2\frac{A_p}{I_{yy}}$$
$$C_{r10} = \frac{A_p}{m_s} - a^2\frac{A_p}{I_{yy}}$$

Avec

$$\dot{G}_6 = -C_{r9}\dot{\alpha}_{2f} - C_{r10}\dot{\alpha}_{2r} - C_6\dot{Z}_6 - \dot{Z}_5 + \ddot{G}_5$$

$$\ddot{G}_5 = -\ddot{Z}_4 - C_5\ddot{Z}_5 - \ddot{\alpha}_1 - b\ddot{\alpha}_2 + \dddot{G}_4$$ (3.43)

$$\ddot{Z}_5 = (C_4+C_5+\varepsilon)Z_4 + (C_5^2-2)Z_5 - (C_5+C_6)Z_6 + S_2$$

$$\dddot{G}_4 = -C_4\dddot{Z}_4 - \varepsilon(\dddot{X}_5 + b\ddot{X}_4 - \ddot{X}_8)$$

$$\dddot{Z}_4 = -(C_4+\varepsilon)\ddot{Z}_4 + \ddot{Z}_5$$

III.4 Système complet :

Dans ce cas on a quatre variables à réguler :

Z_1 déplacement de la roue avant gauche

$$Z_1 = X_1 - aX_3 + 0.5wX_5 - \bar{X}_7, \text{ avec } \bar{X}_7 = \frac{\varepsilon}{s + \varepsilon} X_7$$

Z5 déplacement de roue avant droite

$$Z_5 = X_1 - aX_3 - 0.5wX_5 - \bar{X}_9, \text{ avec } \bar{X}_9 = \frac{\varepsilon}{s + \varepsilon} X_9$$

Z7 déplacement de la roue arrière gauche (3.44)

$$Z_7 = X_1 + bX_3 + 0.5wX_5 - \bar{X}_{11}, \text{ avec } \bar{X}_{11} = \frac{\varepsilon}{s + \varepsilon} X_{11}$$

Z10 déplacement de la roue arrière gauche

$$Z_{10} = X_1 + bX_3 - 0.5wX_5 - \bar{X}_{13}, \text{ avec } \bar{X}_{13} = \frac{\varepsilon}{s + \varepsilon} X_{13}$$

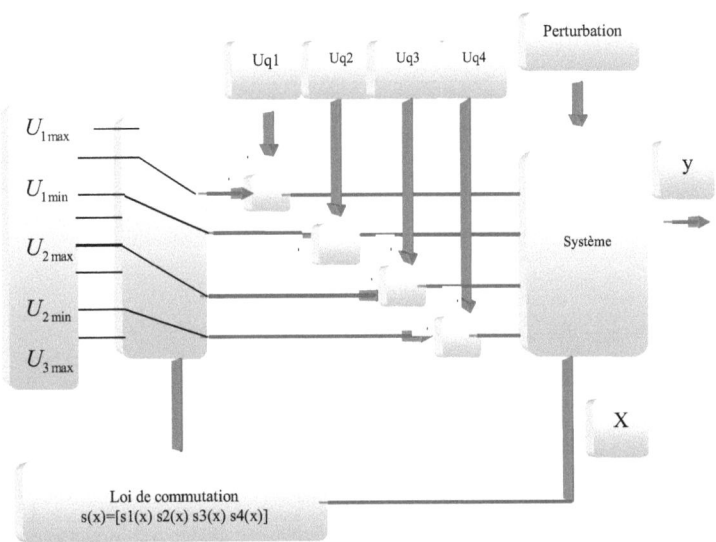

(Fig3.24)

Etape 1 : roue avant gauche

Soit la fonction de Lyapunov $V_1 = \frac{1}{2}z_1^2$ (3.45)

La dérivée de cette fonction de Lyapunov est :
$\dot{V} = z_1 \dot{z}_1$

$= Z_1(X_2 - aX_4 + 0.5wX_6 - \varepsilon X_7 + \varepsilon(X_1 - aX_3 + 0.5wX_5) - \varepsilon Z_1$

On choisit la première commande virtuelle

$G_1 = -C_1 Z_1 - \varepsilon(X_1 - aX_3 + 0.5wX_5 - X_7)$ (3.46)

Ce qui donne $\dot{V}_1 = -(C_1 + \varepsilon)Z_1^2$

On pose
$Z_2 = X_2 - aX_4 + 0.5wX_6 - G_1$ (3.47)

Donc $\dot{Z}_1 = -(c_1 + \varepsilon)Z_1 + Z_2$ (3.48)

Etape 2
On prend la deuxième fonction de lyapunov,
$V_2 = \frac{1}{2}Z_1^2 + \frac{1}{2}Z_2^2$ (3.49)

Donc
$V_2 = Z_1(-C_1 + \varepsilon)Z_1 + Z_2) + Z_2(\dot{X}_2 - a\dot{X}_4 + 0.5w\dot{X}_6 - \dot{G}_1)$

$= -(C_1 + \varepsilon)Z_1^2 + Z_1 Z_2 + Z_2 \begin{bmatrix} \alpha_1 - a\alpha_2 + 0.5w\alpha_3 + \left(\dfrac{A_p}{m_s} + a^2\dfrac{A_p}{I_{yy}} + \dfrac{\omega^2 A_p}{4Ixx}\right)X_{15} + \left(\dfrac{A_p}{m_s} + a^2\dfrac{A_p}{I_{yy}} - \dfrac{\omega^2 A_p}{4Ixx}\right)X_{17} \\ \left(\dfrac{A_p}{m_s} - ab\dfrac{A_p}{I_{yy}} + \dfrac{\omega^2 A_p}{4Ixx}\right)X_{19} + \left(\dfrac{A_p}{m_s} - ab\dfrac{A_p}{I_{yy}} - \dfrac{\omega^2 A_p}{4Ixx}\right)X_{21} - \dot{G}_1 \end{bmatrix}$

On choisit la deuxième commande virtuelle

$$G_2 = -Z_1 - C_2 Z_2 - \alpha_1 + a\alpha_2 - 0.5\omega\alpha_3 + \dot{G}_1 \qquad (3.50)$$

Avec

$$\dot{G}_1 = -C_1 \dot{Z}_1 - \varepsilon(X_2 - aX_4 - X_6) \qquad (3.51)$$

$$\alpha_1 = -\frac{(2K_{sf} + 2K_{sr})}{M_s} X_1 - \frac{(2B_{sf} + 2B_{sr})}{M_s} X_2 + \frac{(2aK_{sf} - 2bK_{sr})}{M_s} X_3 + \frac{(2aB_{sf} - 2bB_{sr})}{M_s} X_4 +$$

$$\frac{K_{sf}}{M_s} X_7 + \frac{B_{sf}}{M_s} X_8 + \frac{K_{sf}}{M_s} X_9 + \frac{B_{sf}}{M_s} X_{10} + \frac{K_{sr}}{M_s} X_{11} + \frac{B_{sr}}{M_s} X_{12} + \frac{K_{sr}}{M_s} X_{13} + \frac{B_{sr}}{M_s} X_{14}$$

$$\alpha_2 = \frac{(2aK_{sf} - 2bK_{sr})}{I_{yy}} X_1 + \frac{(2aB_{sf} - 2bB_{sr})}{I_{yy}} X_2 - \frac{(2a^2 K_{sf} + 2b^2 K_{sr})}{I_{yy}} X_3 - \frac{(2a^2 B_{sf} + 2b^2 B_{sr})}{I_{yy}} X_4$$

$$-\frac{aK_{sf}}{I_{yy}} X_7 - \frac{aB_{sf}}{I_{yy}} X_8 - \frac{aK_{sf}}{I_{yy}} X_9 - \frac{aB_{sf}}{I_{yy}} X_{10} + \frac{bK_{sr}}{I_{yy}} X_{11} + \frac{bB_{sr}}{I_{yy}} X_{12} + \frac{bK_{sr}}{I_{yy}} X_{13} + \frac{bB_{sr}}{I_{yy}} X_{14}$$

$$\alpha_3 = -\frac{w^2(2K_{sf} + 2K_{sr})}{4I_{xx}} X_5 - \frac{w^2(2B_{sf} + 2B_{sr})}{4I_{xx}} X_6 + \frac{wK_{sf}}{2I_{xx}} X_7 + \frac{wB_{sf}}{2I_{xx}} X_8 - \frac{wK_{sf}}{2I_{xx}} X_9 -$$

$$\frac{wB_{sf}}{2I_{xx}} X_{10} + \frac{wK_{sr}}{2I_{xx}} X_{11} + \frac{wB_{sr}}{2I_{xx}} X_{12} - \frac{wK_{sr}}{2I_{xx}} X_{13} - \frac{wB_{sr}}{2I_{xx}} X_{14}$$

$$(3.52)$$

On pose : $Z_3 = C_{fl15} X_{15} + C_{fl17} X_{17} + C_{fl19} X_{19} + C_{fl21} X_{21} - G_2 \qquad (3.53)$

avec

$$C_{fl\,15} = \frac{A_p}{m_s} + a^2 \frac{A_p}{I_{yy}} + \frac{w^2 A_p}{4 I_{xx}}$$

$$C_{fl\,17} = \frac{A_p}{m_s} + a^2 \frac{A_p}{I_{yy}} - \frac{w^2 A_p}{4 I_{xx}} \qquad (3.54)$$

$$C_{fl\,19} = \frac{A_p}{m_s} - ab \frac{A_p}{I_{yy}} + \frac{w^2 A_p}{4 I_{xx}}$$

$$C_{fl\,21} = \frac{A_p}{m_s} - ab \frac{A_p}{I_{yy}} - \frac{w^2 A_p}{4 I_{xx}}$$

Donc

$$\dot{Z}_2 = Z_3 - Z_1 - C_2 Z_2 \tag{3.55}$$

Etape3
On prend la troisième fonction de lyapunov

$$V_3 = \frac{1}{2} Z_1^2 + \frac{1}{2} Z_2^2 + \frac{1}{2} Z_3^2$$

$$\dot{V}_3 = Z_1 \dot{Z}_1 + Z_2 \dot{Z}_2 + Z_3 \dot{Z}_3$$

$$= -(c_1 + \varepsilon) Z_1^2 - c_2 Z_2^2 + Z_3 (\dot{Z}_3 + Z_2)$$

$$\dot{Z}_3 = C_{fl15} \dot{X}_{15} + C_{fl17} \dot{X}_{17} + C_{fl19} \dot{X}_{19} + C_{fl21} \dot{X}_{21} - \dot{G}_2$$

$$= \begin{bmatrix} C_{fl15} \alpha_4 + C_{fl17} \alpha_5 + C_{fl19} \alpha_6 + C_{fl21} \alpha_7 + C_{f16} X_{16} + C_{f18} X_{18} + \\ C_{f20} X_{20} + C_{f22} X_{22} \end{bmatrix} - \dot{G}_2$$

$$\begin{aligned}
\alpha_4 &= -B X_{15} - \alpha A_P (X_2 + \frac{w}{2} X_6 - aX_4 - X_8) \\
\alpha_5 &= -B X_{17} - \alpha A_P (X_2 - \frac{w}{2} X_6 - aX_4 - X_{10}) \\
\alpha_6 &= -B X_{19} - \alpha A_P (X_2 + \frac{w}{2} X_6 + bX_4 - X_{12}) \\
\alpha_7 &= -B X_{21} - \alpha A_P (X_2 - \frac{w}{2} X_6 + bX_4 - X_{14})
\end{aligned} \tag{3.56}$$

et

$$\begin{aligned}
C_{f16} &= c_{fl15} \gamma \omega_{15} \\
C_{f18} &= c_{fl17} \gamma \omega_{17} \\
C_{f20} &= c_{fl19} \gamma \omega_{19} \\
C_{f22} &= c_{fl21} \gamma \omega_{21}
\end{aligned} \tag{3.57}$$

On choisissant la troisième commande virtuelle

$$G_3 = -C_{f15}\alpha_4 - C_{f17}\alpha_5 - C_{f15}\alpha_6 - C_{f21}\alpha_7 - C_3 Z_3 - Z_2 + \dot{G}_2 \qquad (3.58)$$

Sachant que

$$\dot{G}_2 = -\dot{Z}_1 - C_2 \dot{Z}_2 - \dot{\alpha}_1 + a\dot{\alpha}_2 - 0.5w\dot{\alpha}_3 + \ddot{G}_1$$

$$\ddot{G}_1 = -C_1 \ddot{Z}_1 - \varepsilon(\dot{X}_2 - a\dot{X}_4 + 0.5\ddot{X}_6 - \dot{X}_8) \qquad (3.59)$$

$$\ddot{Z}_1 = -(C_1 + \varepsilon)\dot{Z}_1 + \dot{Z}_2$$

On assure que $\dot{V}_3 \langle 0$

On pose
$$S_1 = C_{f16} X_{16} + C_{f18} X_{18} + C_{f20} X_{20} + C_{f22} X_{22} - G_3 \qquad (3.60)$$
Donc $\dot{Z}_3 = S_1 - Z_2 - C_3 Z_3$

Étape 4
On choisit la quatrième fonction de lyapunov

$$V_4 = \frac{1}{2} Z_1^2 + \frac{1}{2} Z_2^2 + \frac{1}{2} Z_3^2 + \frac{1}{2} S_1^2$$

$$\dot{V}_4 = Z_1 \dot{Z}_1 + Z_2 \dot{Z}_2 + Z_3 \dot{Z}_3 + S_1 \dot{S}_1$$

$$\dot{S}_1 = -q_1 \operatorname{sgn} S_1 - k_1 S_1 \qquad avec \quad q_1 k_1 \rangle 0$$

$$\dot{S}_1 = \frac{C_{f16}}{\tau}(U_{fl} - X_{16}) + \frac{C_{f18}}{\tau}(U_{fr} - X_{18}) + \frac{C_{f20}}{\tau}(U_{rl} - X_{20}) + \frac{C_{f22}}{\tau}(U_{rr} - X_{22}) - \dot{G}_3$$
$$(3.61)$$

On assure que $\dot{V}_4 \langle 0$

Donc la première équation a résoudre pour les quatre commandes

$$C_{f16} U_{fl} + C_{f18} U_{fr} + C_{f20} U_{rl} + C_{f22} U_{rr} = \tau(\dot{S}_1 + \dot{G}_3) + C_{f16} X_{16} + C_{f18} X_{18} + C_{f20} X_{20} + C_{f22} X_{22}$$
$$(3.62)$$

Avec

$$\dot{G}_3 = -C_{fl15}\dot{\alpha}_4 - C_{fl17}\dot{\alpha}_5 - C_{fl19}\dot{\alpha}_6 - C_{fl21}\dot{\alpha}_7 - C_3\dot{Z}_3 - \ddot{Z}_2 + \ddot{G}_2$$

$$\ddot{G}_2 = -\ddot{Z}_1 - C_2\dot{Z}_2 - \dot{\alpha}_1 + a\dot{\alpha}_2 - 0.5w\dot{\alpha}_3 + \ddot{G}_1 \qquad (3.63)$$

$$\ddot{Z}_2 = (C_1 + C_2 + \varepsilon)Z_1 + (C_2^2 - 2)Z_2 - (C_3 + C_2)Z_3 + S_1$$

$$\dddot{G}_1 = -C_1\dddot{Z}_1 - \varepsilon(\ddot{X}_2 - a\ddot{X}_4 + 0.5w\ddot{X}_6 - \ddot{X}_8)$$

$$\dddot{Z}_1 = -(C_1 + \varepsilon)\ddot{Z}_1 + \ddot{Z}_2$$

Avec identification pour les autres roues et après calcul 16 étapes on a :

$$C_{f16}U_{fl} + C_{f18}U_{fr} + C_{f20}U_{rl} + C_{f22}U_{rr} = \tau(\dot{S}_1 + \dot{G}_3) + C_{f16}X_{16} + C_{f18}X_{18} + C_{f20}X_{20} + C_{f22}X_{22}$$

$$C_{r16}U_{fl} + C_{r18}U_{fr} + C_{r20}U_{rl} + C_{r22}U_{rr} = \tau(\dot{S}_2 + \dot{G}_6) + C_{r16}X_{16} + C_{r18}X_{18} + C_{r20}X_{20} + C_{r22}X_{22}$$

$$C_{rl16}U_{fl} + C_{rl18}U_{fr} + C_{rl20}U_{rl} + C_{rl22}U_{rr} = \tau(\dot{S}_3 + \dot{G}_9) + C_{rl16}X_{16} + C_{rl18}X_{18} + C_{rl20}X_{20} + C_{rl22}X_{22}$$

$$C_{rr16}U_{fl} + C_{rr18}U_{fr} + C_{rr20}U_{rl} + C_{rr22}U_{rr} = \tau(\dot{S}_4 + \dot{G}_{12}) + C_{rr16}X_{16} + C_{rr18}X_{18} + C_{rr20}X_{20} + C_{rr22}X_{22}$$

$$U = \begin{bmatrix} c_{f16} & c_{f18} & c_{f20} & c_{f22} \\ c_{r16} & c_{r18} & c_{r20} & c_{r22} \\ c_{rl16} & c_{rl18} & c_{rl20} & c_{rl22} \\ c_{rr16} & c_{rr18} & c_{rr20} & c_{rr22} \end{bmatrix}^{-1} \begin{bmatrix} \tau(\dot{S}_1+\dot{G}_3)+C_{f16}X_{16}+C_{f18}X_{18}+C_{f20}X_{20}+C_{f22}X_{22} \\ \tau(\dot{S}_2+\dot{G}_6)+C_{r16}X_{16}+C_{r18}X_{18}+C_{r20}X_{20}+C_{r22}X_{22} \\ \tau(\dot{S}_3+\dot{G}_9)+C_{rl16}X_{16}+C_{rl18}X_{18}+C_{rl20}X_{20}+C_{rl22}X_{22} \\ \tau(\dot{S}_4+\dot{G}_{12})+C_{rr16}X_{16}+C_{rr18}X_{18}+C_{rr20}X_{20}+C_{rr22}X_{22} \end{bmatrix}$$

Avec (3.64)

$$C_{f16} = C_{fl15}\,\gamma\,\omega_{15} \qquad C_{rl16} = C_{rl15}\cdot\gamma\,\omega_{15}$$

$$C_{f18} = C_{fl17}\cdot\gamma\,\omega_{17} \qquad C_{rl18} = C_{rl17}\cdot\gamma\,\omega_{17} \qquad (3.65)$$

$$C_{f20} = C_{fl19}\cdot\gamma\,\omega_{19} \qquad C_{rl20} = C_{rl20}\cdot\gamma\,\omega_{19}$$

$$C_{f22} = C_{fl21}\cdot\gamma\,\omega_{21} \qquad C_{rl22} = C_{rl21}\cdot\gamma\,\omega_{21}$$

$$C_{r\,16} = C_{fl\,17} \cdot \gamma \, \omega_{15} \qquad C_{rr\,16} = C_{rl\,17} \cdot \gamma \, \omega_{15}$$
$$C_{r\,18} = C_{fl\,15} \cdot \gamma \, \omega_{17} \qquad C_{rr\,18} = C_{rl\,15} \cdot \gamma \, \omega_{17}$$
$$C_{r\,20} = C_{fl\,21} \cdot \gamma \, \omega_{19} \qquad C_{rr\,20} = C_{rl\,21} \cdot \gamma \, \omega_{19} \qquad (3.66)$$
$$C_{r\,22} = C_{fl\,19} \cdot \gamma \, \omega_{21} \qquad C_{rr\,22} = C_{rl\,19} \cdot \gamma \, \omega_{21}$$

$$C_{rl\,15} = \frac{A_p}{m_s} - ab\frac{A_p}{I_{yy}} + \frac{w^2 A_p}{4 I_{xx}}$$
$$C_{rl\,17} = \frac{A_p}{m_s} - ab\frac{A_p}{I_{yy}} - \frac{w^2 A_p}{4 I_{xx}}$$
$$C_{rl\,19} = \frac{A_p}{m_s} + b^2\frac{A_p}{I_{yy}} + \frac{w^2 A_p}{4 I_{xx}} \qquad (3.67)$$
$$C_{rl\,21} = \frac{A_p}{m_s} + b^2\frac{A_p}{I_{yy}} - \frac{w^2 A_p}{4 I_{xx}}$$

$$\dot{S}_2 = -q_2 \operatorname{sgn} S_2 - k_2 S_2 \qquad \text{avec} \quad q_2 k_2 \rangle 0$$
$$\dot{S}_3 = -q_3 \operatorname{sgn} S_3 - k_3 S_3 \qquad \text{avec} \quad q_3 k_3 \rangle 0 \qquad (3.68)$$
$$\dot{S}_4 = -q_4 \operatorname{sgn} S_4 - k_4 S_4 \qquad \text{avec} \quad q_4 k_4 \rangle 0$$

$$\dot{G}_6 = -C_{fl17}\dot{\alpha}_4 - C_{fl15}\dot{\alpha}_5 - C_{fl21}\dot{\alpha}_6 - C_{fl19}\dot{\alpha}_7 - C_6 \dot{Z}_6 - \dot{Z}_5 + \ddot{G}_5$$

$$\dot{G}_9 = -C_{fl15}\dot{\alpha}_4 - C_{fl17}\dot{\alpha}_5 - C_{fl19}\dot{\alpha}_6 - C_{fl21}\dot{\alpha}_7 - C_9 \dot{Z}_9 - \dot{Z}_8 + \ddot{G}_8 \qquad (3.69)$$

$$\dot{G}_{12} = -C_{fl17}\dot{\alpha}_4 - C_{fl15}\dot{\alpha}_5 - C_{fl21}\dot{\alpha}_6 - C_{fl19}\dot{\alpha}_7 - C_{12} \dot{Z}_{12} - \dot{Z}_{11} + \ddot{G}_{11}$$

III.5 Simulations non linéaire du modèle de demi véhicule:

a Les perturbations de la route :

- **montée sur trottoir** :

$$X_{rf}(t) = \begin{cases} 0 \text{ pour } 0 \leq t \leq 0.3 \\ 0.05m \quad ailleurs \end{cases}$$

$$X_{rr}(t) = \begin{cases} 0 \text{ pour } t \leq 0.3 + \dfrac{L}{v} \\ 0.05m \quad ailleurs \end{cases}$$

- **Ralentisseur** (passage sur dos d'âne):

$$X_{rf}(t) = \begin{cases} H.\sin(\dfrac{v\pi}{l}t) \text{ pour } 0 \leq t \leq \dfrac{l}{v} \\ 0 \quad ailleurs \end{cases}$$

$$X_{rr}(t) = \begin{cases} H.\sin(\dfrac{v\pi}{l}(t-\dfrac{L}{v})) \text{ pour } t \leq \dfrac{(L+l)}{v} \\ 0 \quad ailleurs \end{cases}$$

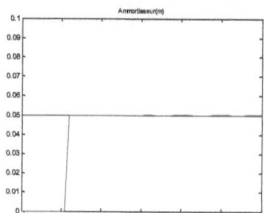

Fig 3.25 : Ralentisseur trottoir

H : la hauteur du dos d'âne, v: vitesse du véhicule, $L = a+b$

b- Paramètres de simulation:[13]

A = 0.000335 m^2; β = 1s^{-1};   a = 1.4m;   b = 1.7m; α = 4.515 *10^13N/m^5; τ = 1/30sec ;
γ = 1.545 *10^9N/(m$^{5/2}$ kg$^{1/2}$);   Ps = 10342500Pa   (1500psi);   Ms = 700kg;   Mus = 59kg;
Kf = 35000N/m;   Kr = 38000N/m;   Ktf = Ktr = 190000N/m;
Bf = 1000N/ms^{-1};   Br = 1100N/ms^{-1};   ry = 1.2;

La limite de la course de suspension=0.08m

La limite de la course de la valve=0.01m

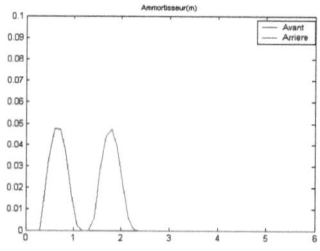
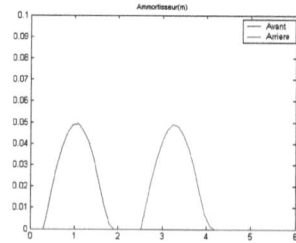

Fig 3.26 :Dos d'âne 10km/h   Fig3.27 :Dos d'âne 5km/h

75

Chapitre 3 : Commande centralisée par mode de glissement

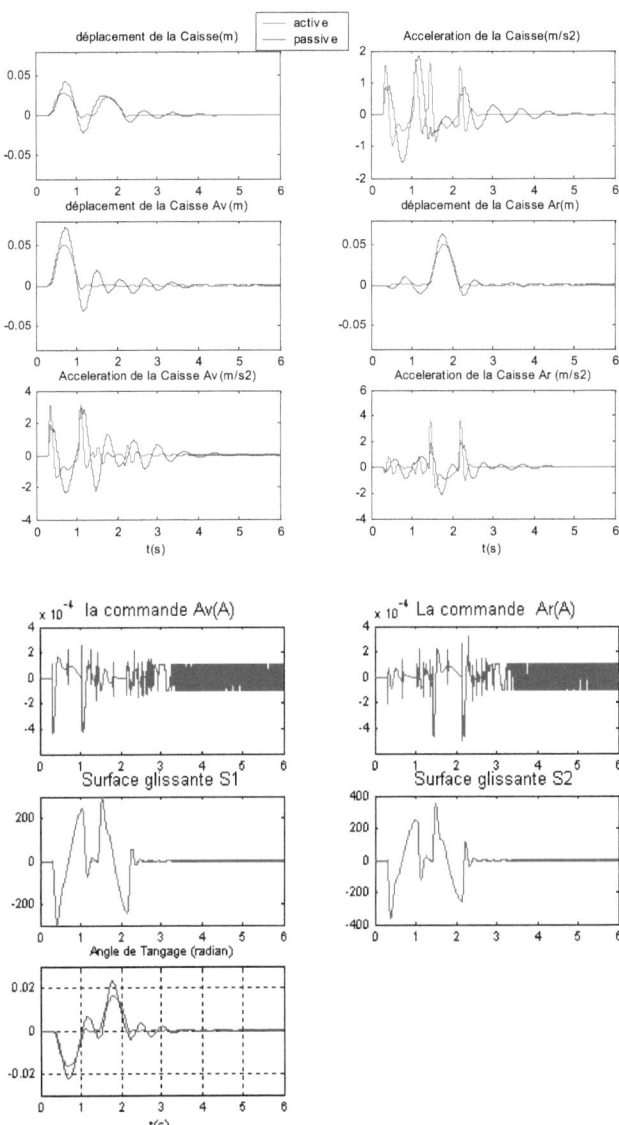

Fig3.28: Réponse des différents paramètres à un passage sur un dos d'âne(0.05m) avec ε=30 Ms=700 v=10km/h(demi -centralisée)

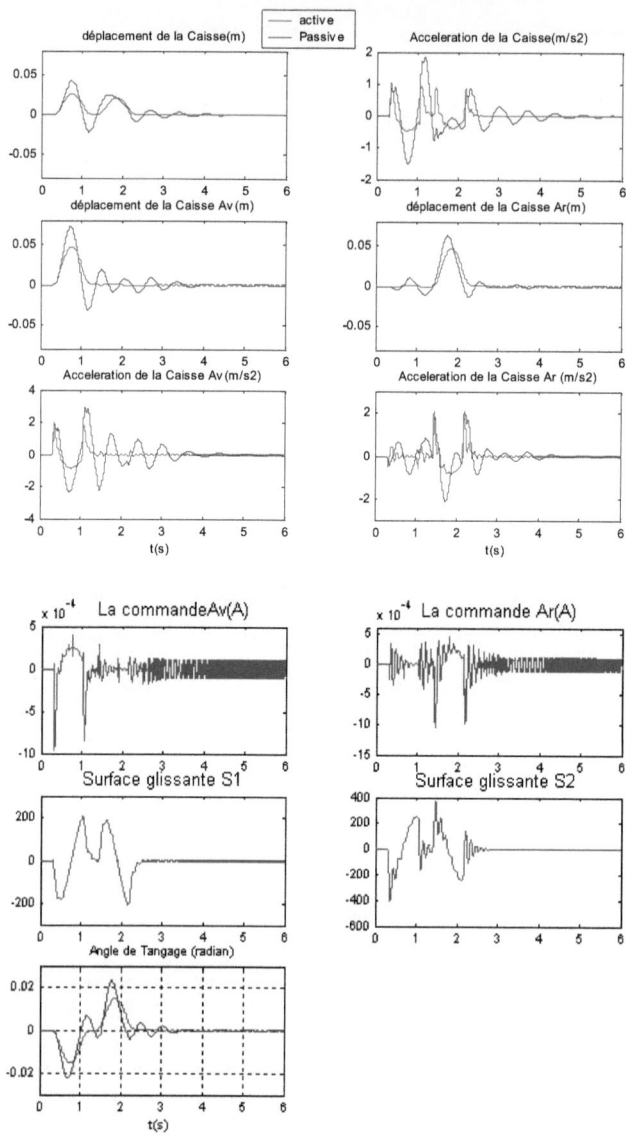

Fig3.29: Réponse des différents paramètres à un passage sur un dos d'âne(0.05m) avec $\varepsilon=10$ Ms=700 v=10km/h(demi -centralisée)

Chapitre 3 : Commande centralisée par mode de glissement

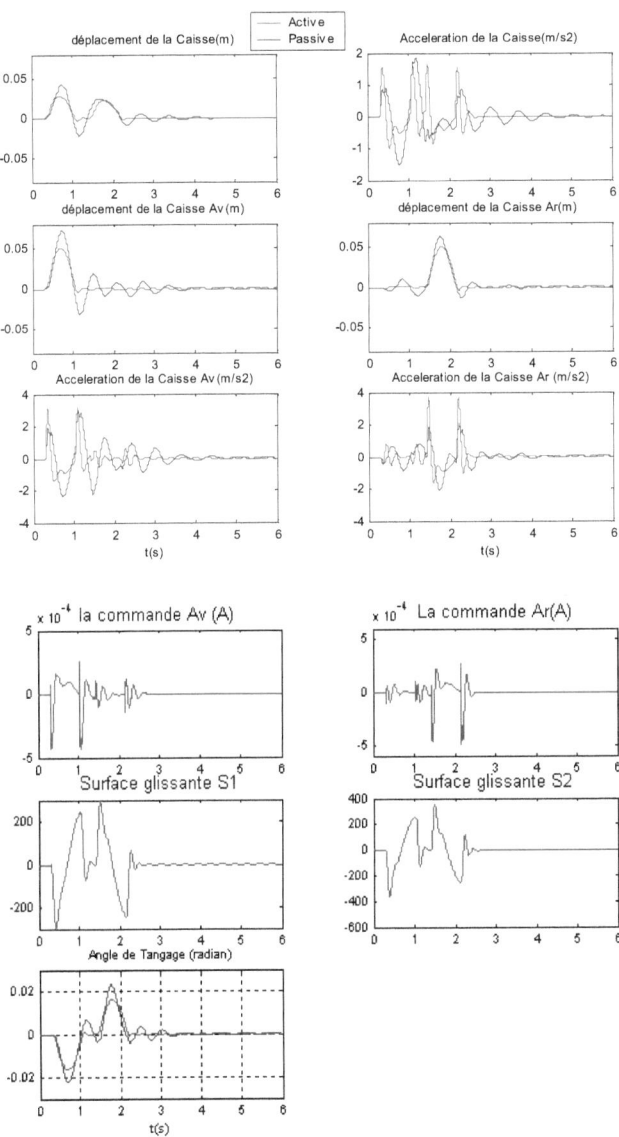

Fig 3.30: Réponse des différents paramètres à un passage sur un dos d'âne(0.05m) avec ε=30 Ms=700 v=10km/h avec la fonction SAT(Demi -centralisée)

Chapitre 3 : Commande centralisée par mode de glissement

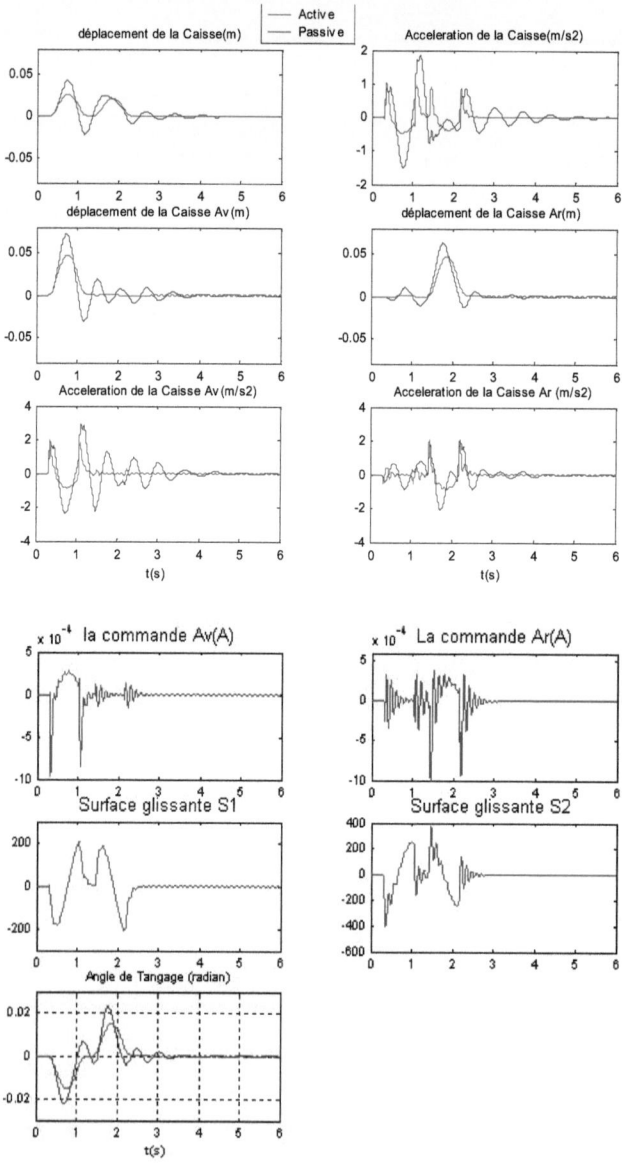

Fig3.31: Réponse des différents paramètres à un passage sur un dos d'âne(0.05m) avec ε=10 Ms=700 v=10km/h avec la fonction SAT(demi -centralisée)

Chapitre 3 : Commande centralisée par mode de glissement

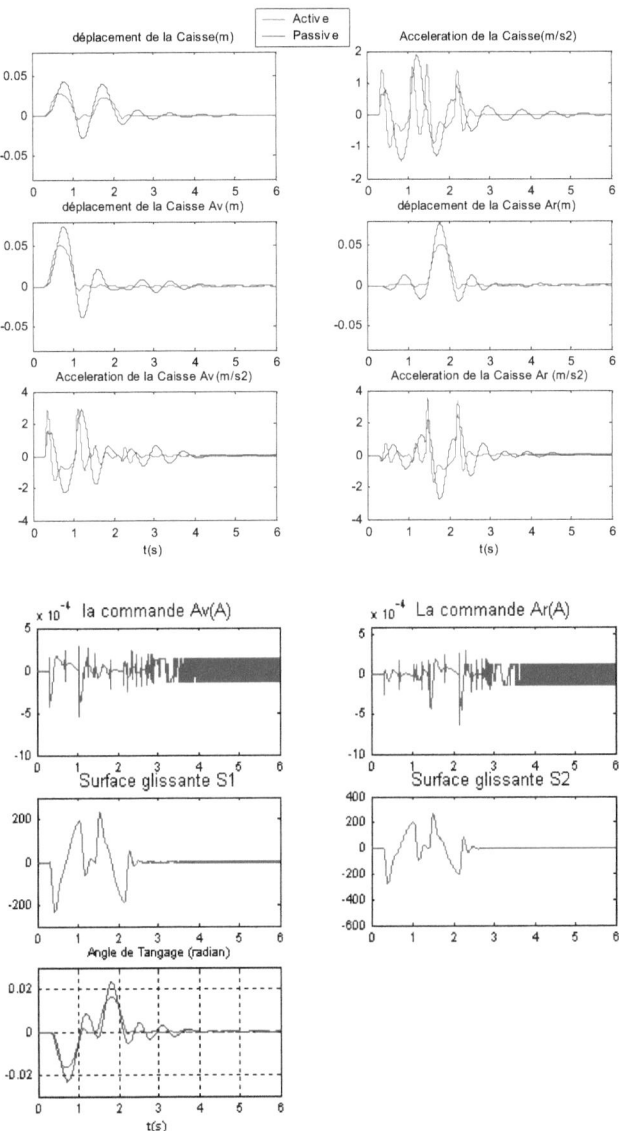

Fig 3.32: Réponse des différents paramètres à un passage sur un dos d'âne(0.05m) avec ε=30 ΔMs=200 v=10km/h (Demi -centralisée)

Chapitre 3 : Commande centralisée par mode de glissement

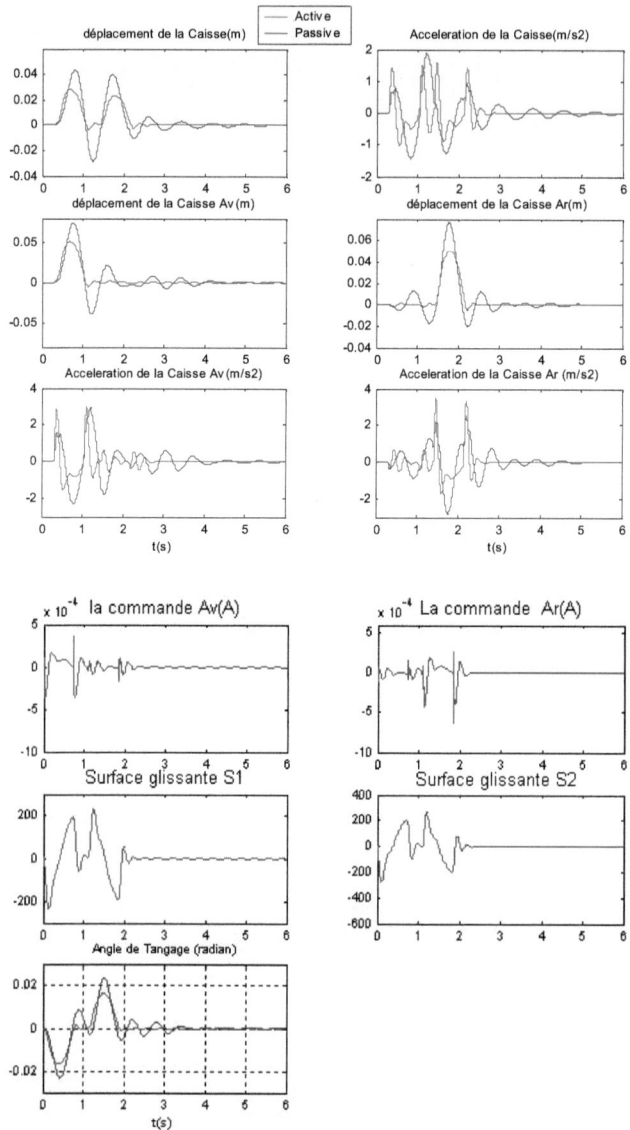

Fig 3.33: Réponse des différents paramètres à un passage sur un dos d'âne(0.05m) avec ε=30 ΔMs=200 v=10km/h avec la fonction SAT (demi - centralisée)

Chapitre 3 : Commande centralisée par mode de glissement

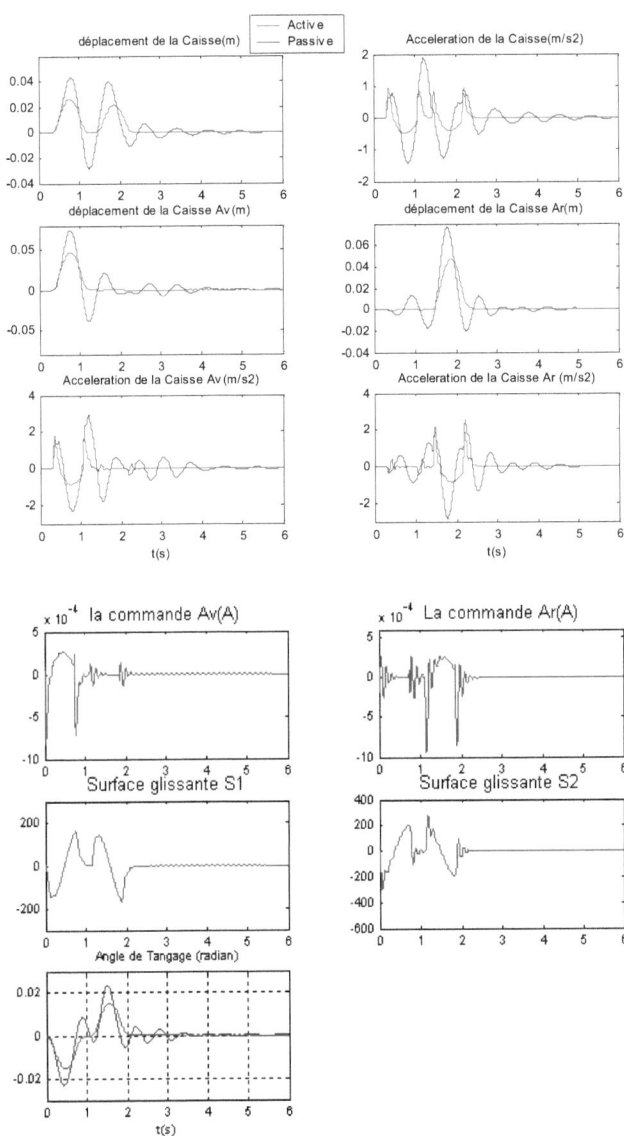

Fig 3.34: Réponse des différents paramètres à un passage sur un dos d'âne(0.05m) avec ε=10 ΔMs=200 v=10km/h avec la fonction SAT (demi –centralisée)

Chapitre 3 : Commande centralisée par mode de glissement

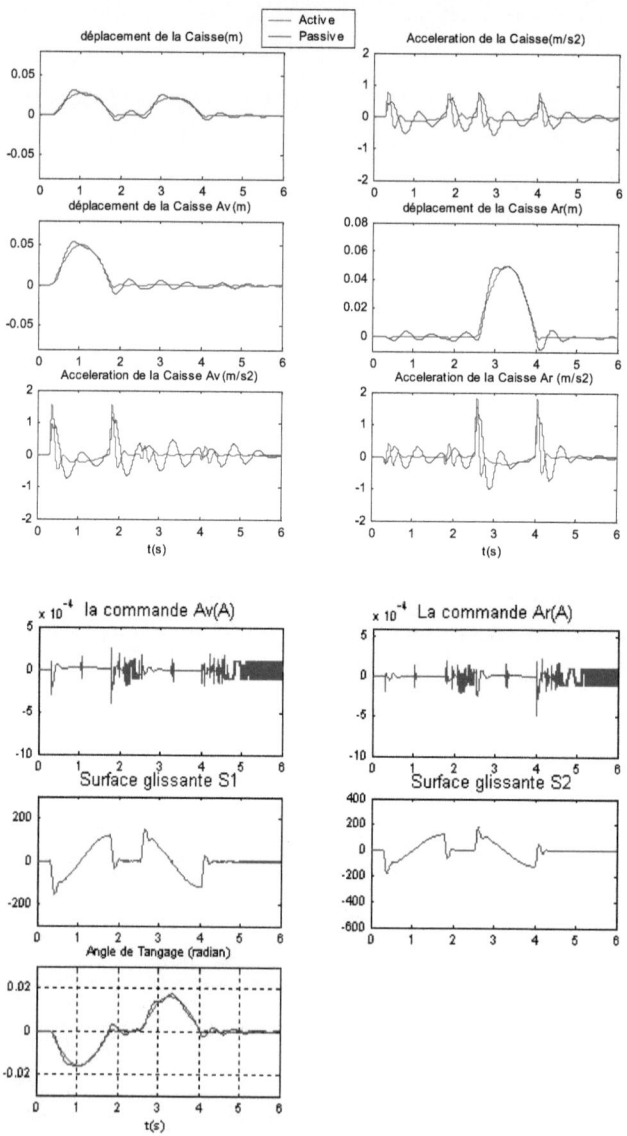

Fig 3.35: Réponse des différents paramètres à un passage sur un dos d'âne(0.05m) avec $\varepsilon=30$ Ms=700 v=5km/h(demi - centralisée)

Chapitre 3 : Commande centralisée par mode de glissement

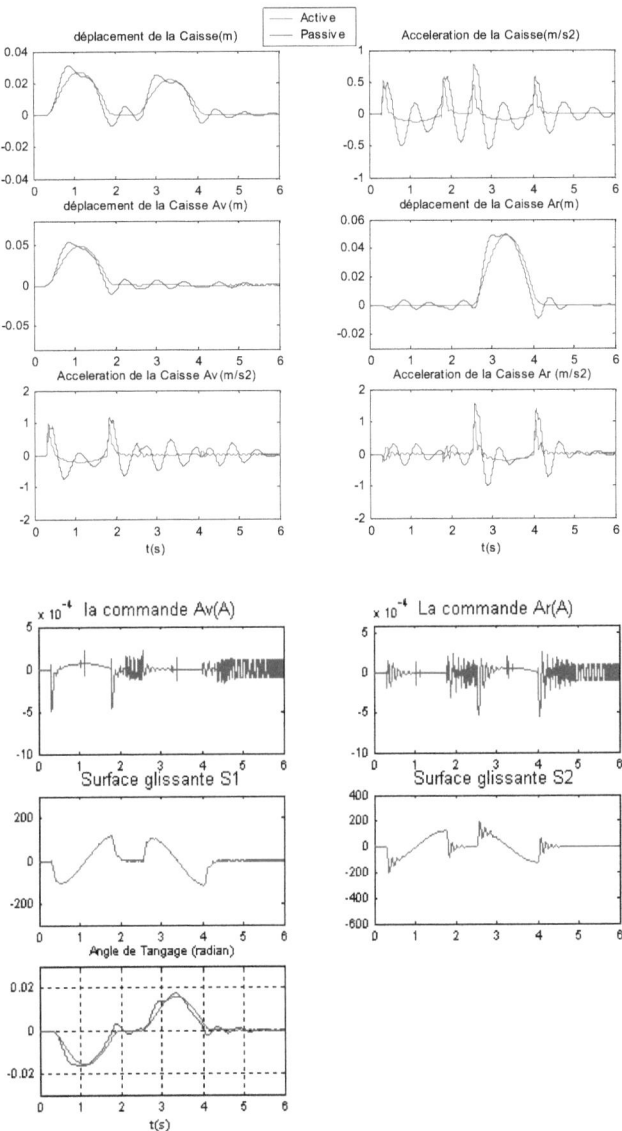

Fig 3.36: Réponse des différents paramètres à un passage sur un dos d'âne(0.05m) avec ε=10 Ms=700 v=5km/h(demi - centralisée)

Chapitre 3 : Commande centralisée par mode de glissement

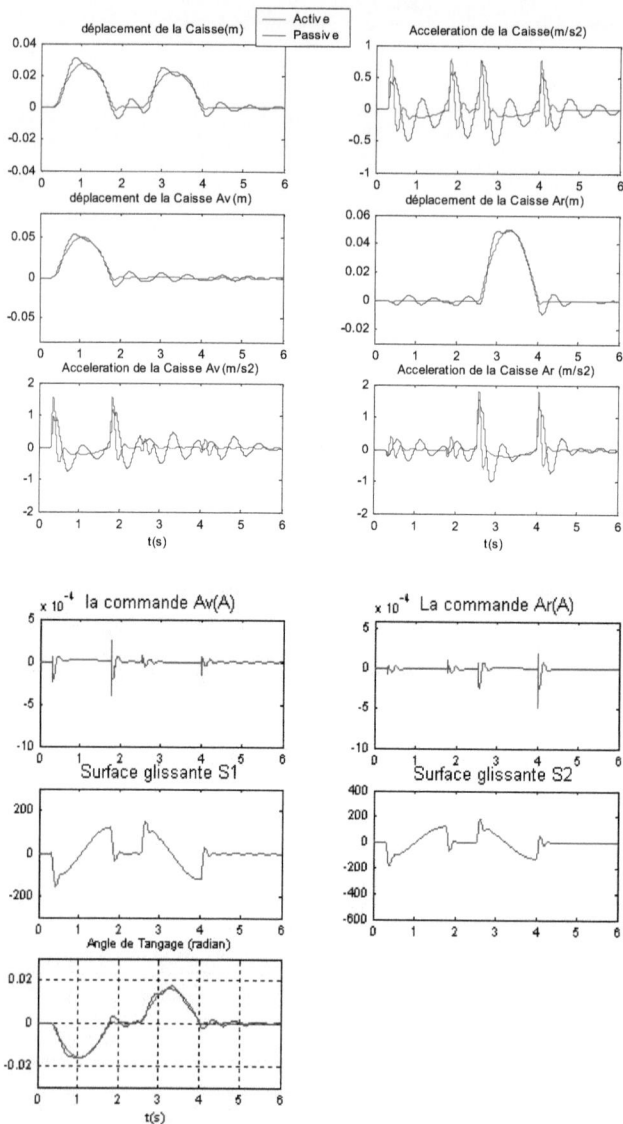

Fig 3.37: Réponse des différents paramètres à un passage sur un dos d'âne(0.05m) avec ε=30 Ms=700 v=5km/h avec la fonction SAT(demi - centralisée)

Chapitre 3 : Commande centralisée par mode de glissement

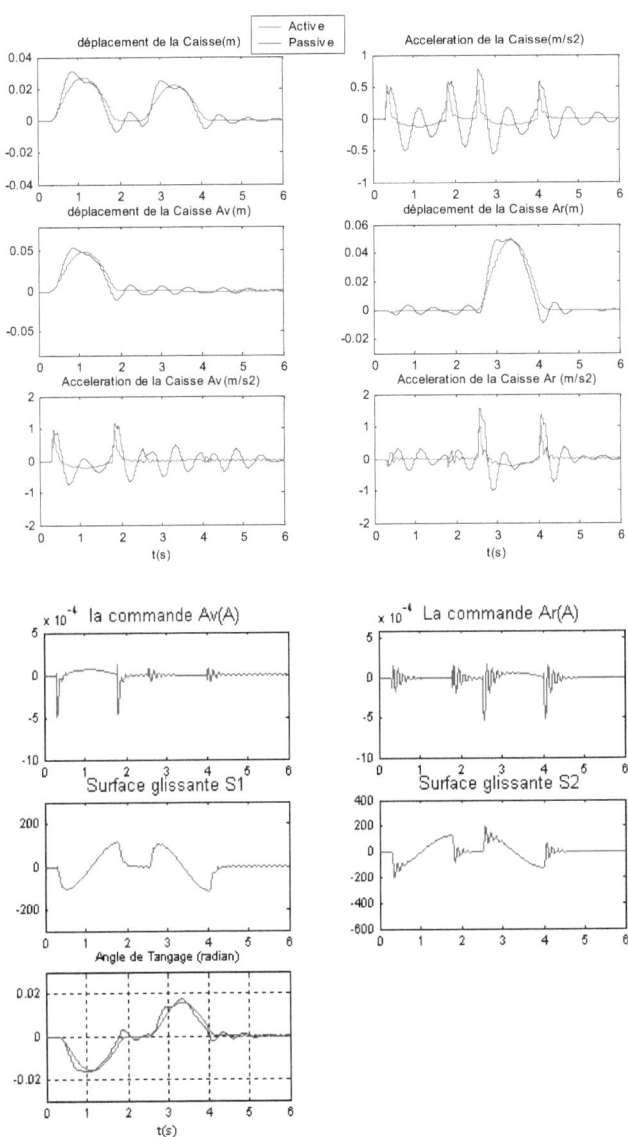

Fig 3.38: Réponse des différents paramètres à un passage sur un dos d'âne(0.05m) avec ε=10 Ms=700 v=5km/h avec la fonction SAT(demi - centralisée)

Chapitre 3 : Commande centralisée par mode de glissement

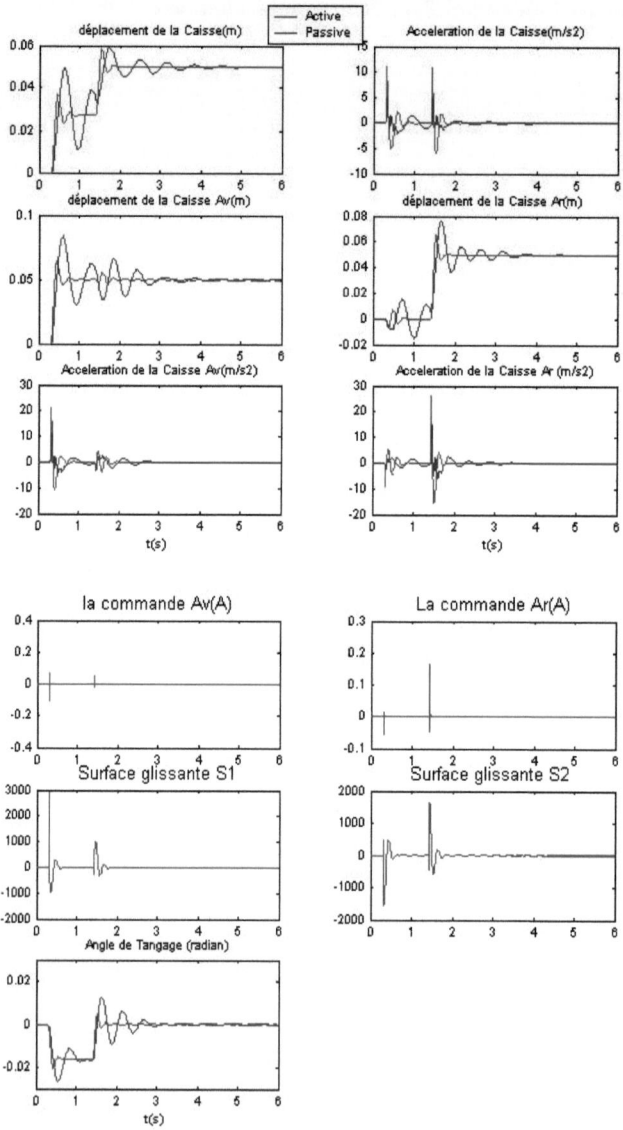

Fig 3.39: Réponse des différents paramètres à un passage sur un Trottoir (0.05m) avec ε=30 Ms=700 v=10km/h (demi - centralisée)

Chapitre 3 : Commande centralisée par mode de glissement

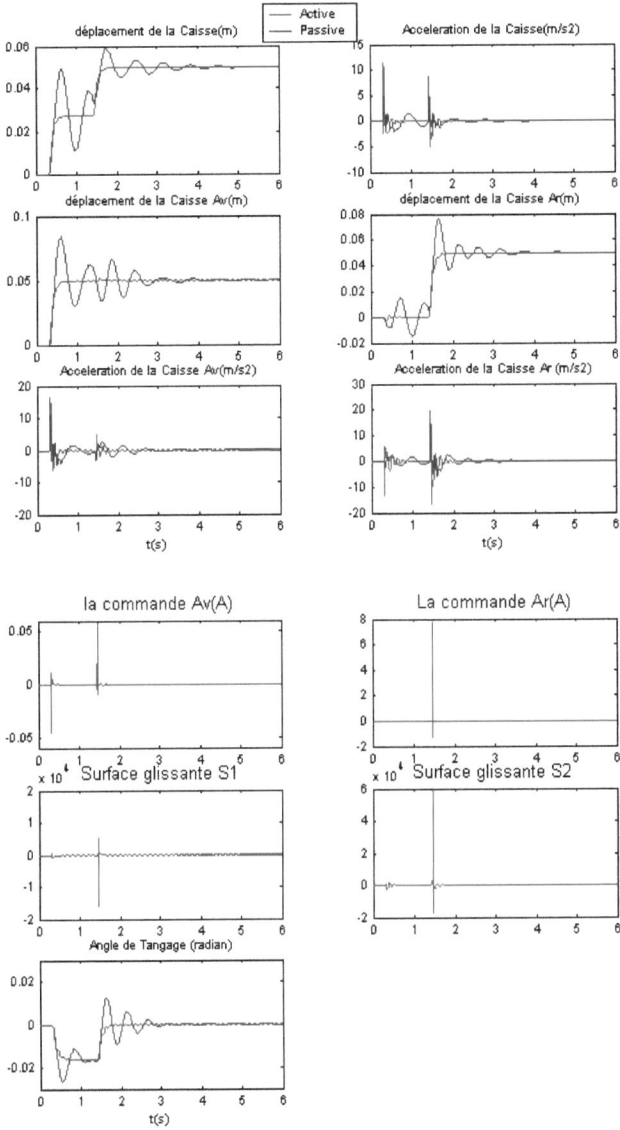

Fig 3.40: Réponse des différents paramètres à un passage sur un Trottoir (0.05m) avec
ε=10 Ms=700 v=10km/h (demi - centralisée)

III.6 Simulation système complet :

- c-**Ralentisseur s Dos d'âne**[28]

$$X_{rfr}(t) = \begin{cases} H_1 \cdot \sin(\frac{v\pi}{l}t) \; pour \; 0 \leq t \leq \frac{l}{v} \\ 0 \quad ailleurs \end{cases}$$

$$X_{rfl}(t) = \begin{cases} H_2 \cdot \sin(\frac{v\pi}{l}t) \; pour \; 0 \leq t \leq \frac{l}{v} \\ 0 \quad ailleurs \end{cases}$$

$$X_{rrr}(t) = \begin{cases} H_1 \cdot \sin(\frac{v\pi}{l}(t-\frac{L}{v})) \; pour \; t \leq \frac{(L+l)}{v} \\ 0 \quad ailleurs \end{cases}$$

$$X_{rrl}(t) = \begin{cases} H_2 \cdot \sin(\frac{v\pi}{l}(t-\frac{L}{v})) \; pour \; t \leq \frac{(L+l)}{v} \\ 0 \quad ailleurs \end{cases}$$

NB: H est la hauteur du dos d'âne, v la vitesse du véhicule, $L=a+b$, l: la longueur du dos d'âne
H1=0.05 , H2=0.04

- **Paramètres de simulation:** [13]

A = 0.000335 m^2; $\beta = 1s^{-1}$; a = 1.4m; b = 1.7m; w = 2, $\alpha = 4.515*10^{\wedge}13 N/m^5$; $\tau = 1/30$ sec; $\gamma = 1.545*10^{\wedge}9 N/(m^{5/2}kg^{1/2})$; Ps = 10342500Pa (1500psi); Ms = 1500kg; Mus = 59kg; Ksf = 35000N/m; Ksr = 38000N/m; Ku = 190000N/m; Ixx = 460; Iyy = 2160 Bsf = 1000N/ms^{-1}; Bsr = 1100N/ms^{-1}; ry = 1.2;

La limite de la course de suspension=0.08m.

La limite de la course de la valve=0.01m.

Simulation modèle complet on choisit

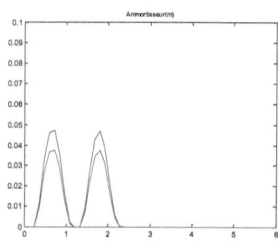

Fig 3.41:Ralentisseur Dos d'âne

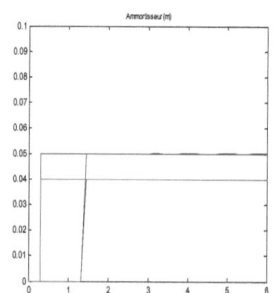

Fig 3.42:Ralentisseur trottoir

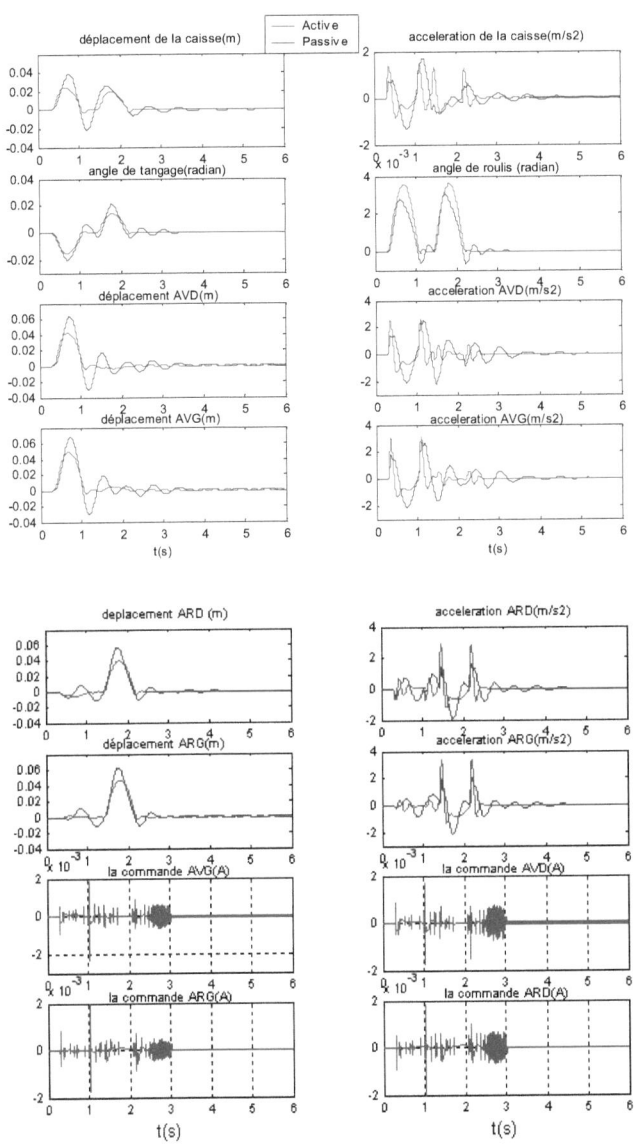

Fig 3.43: Réponse des différents paramètres à un passage sur un dos d'âne(0.05m) avec ε=30 Ms=1500Kg V=10km/h(complet -centralisée)

Chapitre 3 : Commande centralisée par mode de glissement

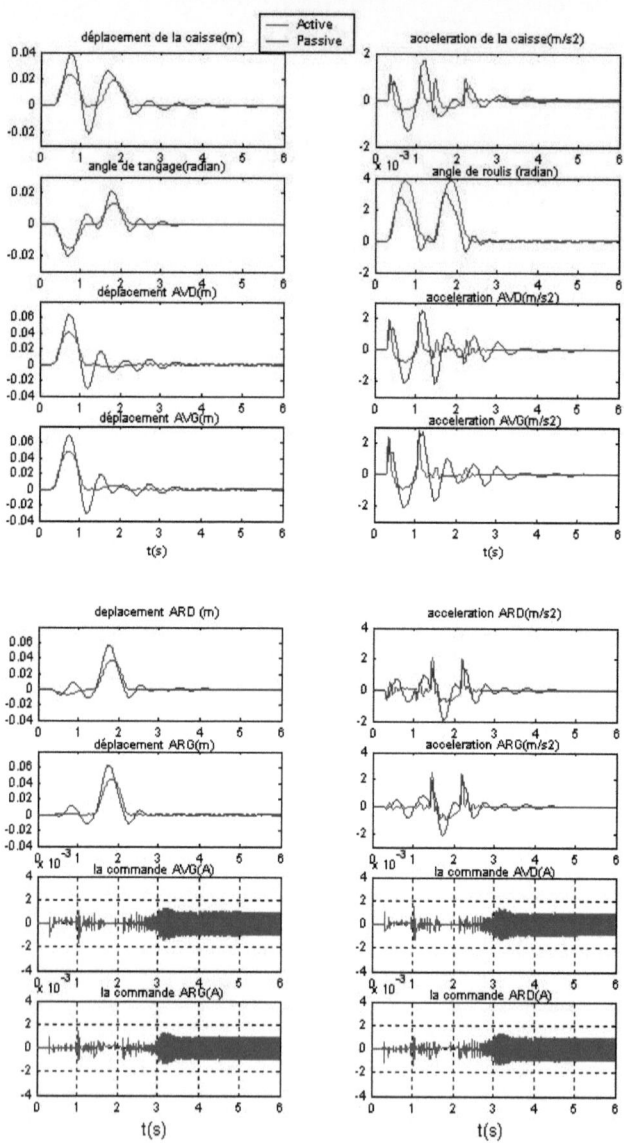

Fig 3.44: Réponse des différents paramètres à un passage sur un dos d'âne(0.05m) avec ε=10Ms=1500Kg V=10km/h(Complet -centralisée)

Chapitre 3 : Commande centralisée par mode de glissement

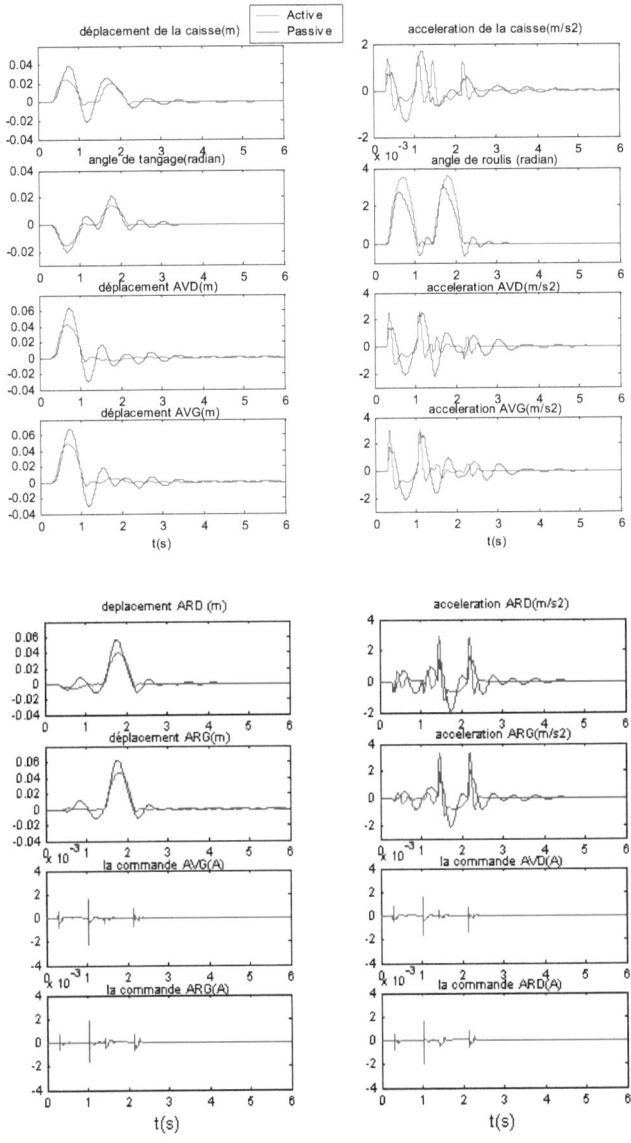

Fig 3.45: Réponse des différents paramètres à un passage sur un dos d'âne(0.05m) avec $\varepsilon=30$ Ms=1500 v=10km/h avec la fonction SAT(Complet -centralisée)

Chapitre 3 : Commande centralisée par mode de glissement

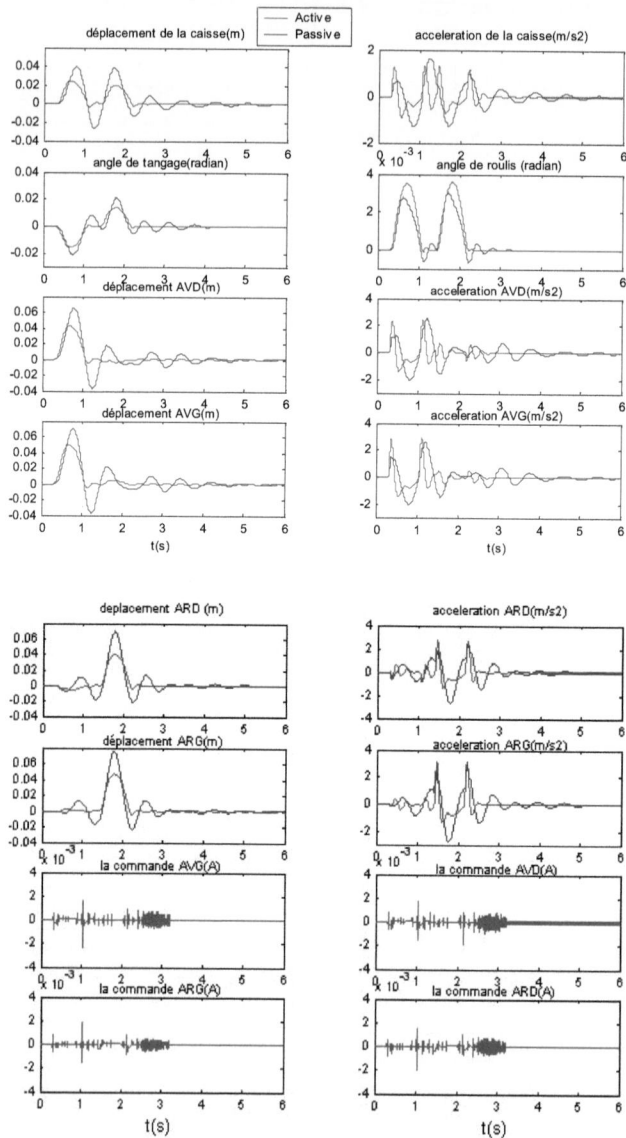

Fig 3.46: Réponse des différents paramètres à un passage sur un dos d'âne(0.05m) avec $\varepsilon=30$ $\Delta Ms=400$ v=10km/h (Complet -centralisée)

Chapitre 3 : Commande centralisée par mode de glissement

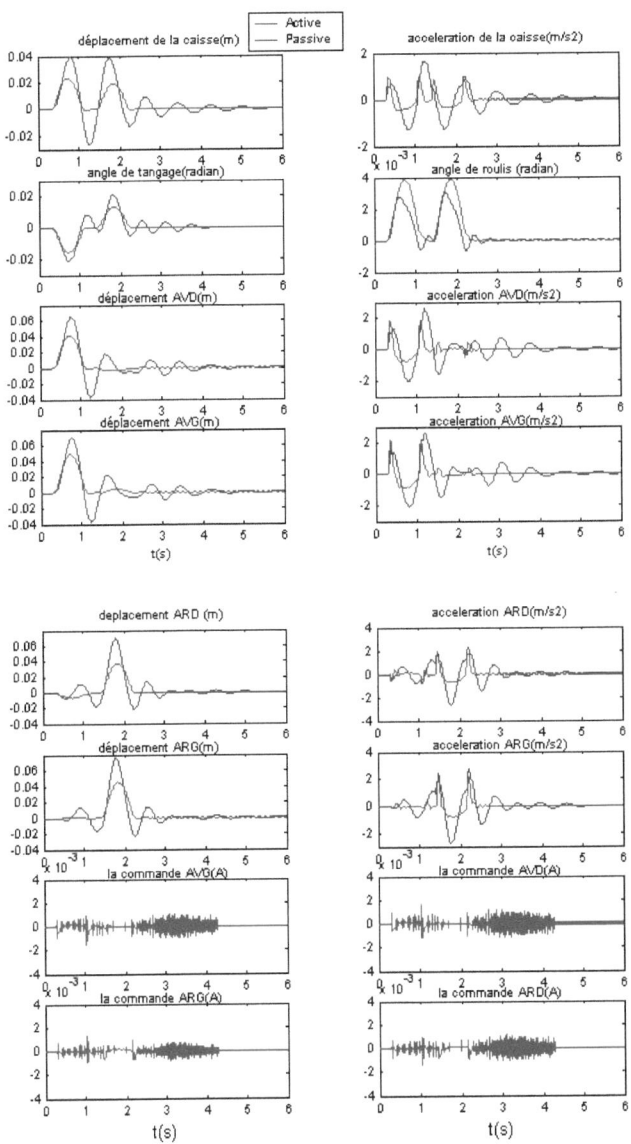

Fig 3.47: Réponse des différents paramètres à un passage sur un dos d'âne(0.05m) avec $\varepsilon=10$ $\Delta Ms=400$ $v=10$km/h (Complet -centralisée)

Chapitre 3 : Commande centralisée par mode de glissement

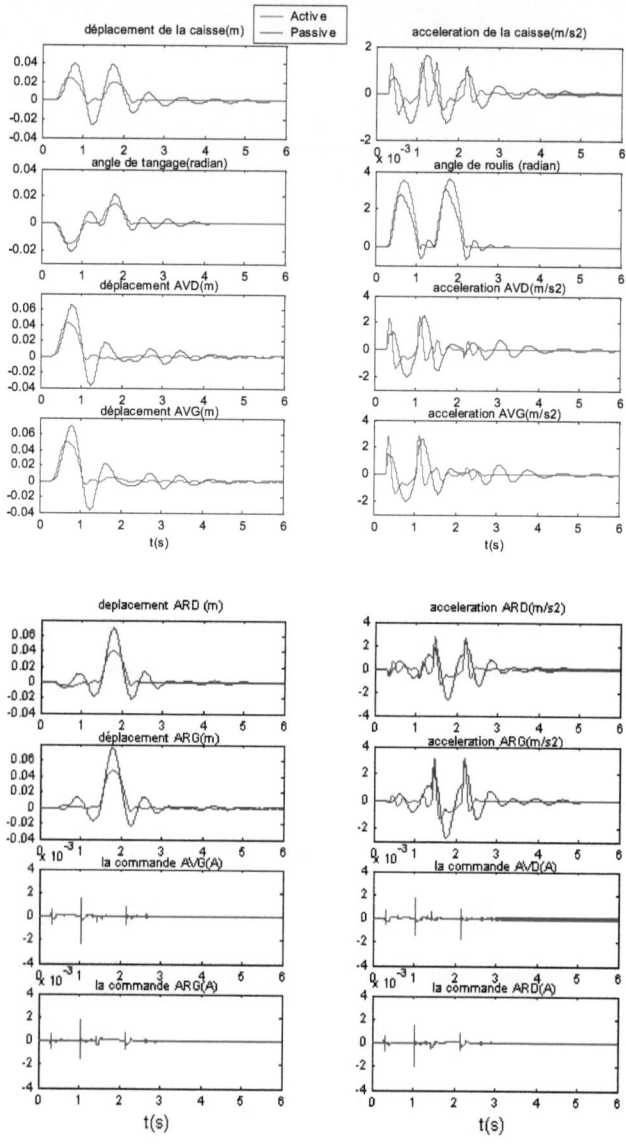

Fig 3.48: Réponse des différents paramètres à un passage sur un dos d'âne(0.05m) avec ε=30 ΔMs=400 v=10km/h avec la fonction SAT (Complet - centralisée)

Chapitre 3 : Commande centralisée par mode de glissement

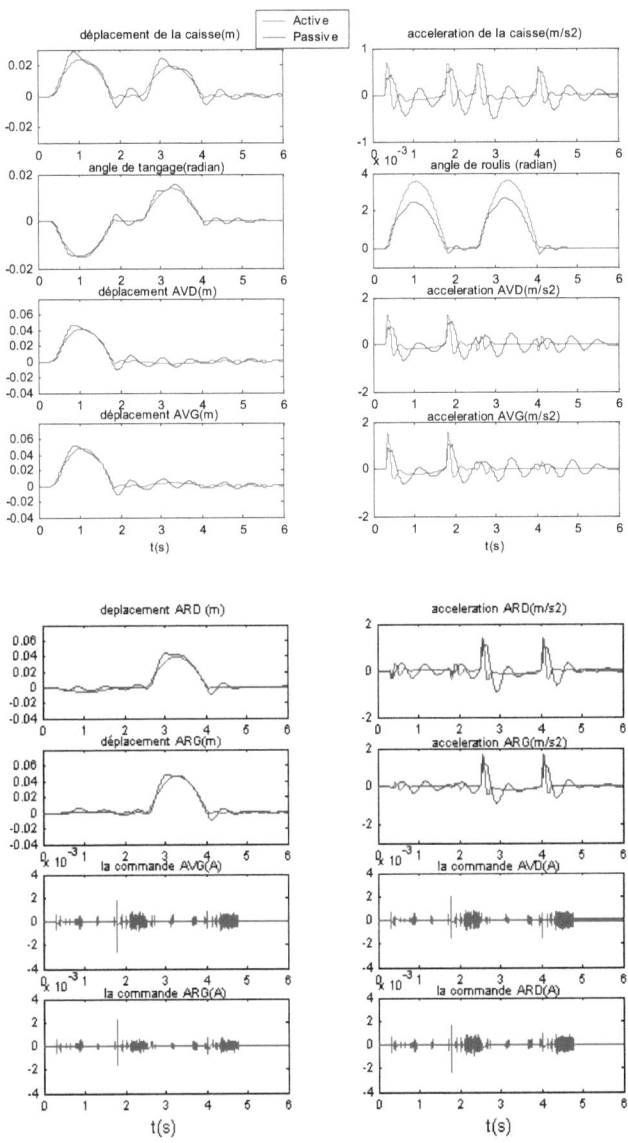

Fig 3.49: Réponse des différents paramètres à un passage sur un dos d'âne(0.05m) avec ε=30 Ms=1500 v=5km/h(Complet - centralisée)

III.7 Interprétation des résultats :

III.7.1-Demi véhicule

Les résultats de simulation obtenus avec la technique mode de glissement d'un système de suspension non linéaire du demi de véhicule (type bicyclette) avec un régulateur à mode glissant centralisée , y compris les différents test par rapport aux perturbations ainsi qu'aux variation de la vitesse de véhicule sont présentés sur les figures fig3.28 - fig3.40. , Pour une perturbations dos d'âne :

- La caisse atteint la position d'équilibre sans oscillation , suivant la configuration choisis.
- L'amélioration des performance du confort par rapport au passive avec une configuration de epsilon petit .
- L'amélioration des performance de sécurité par rapport au passive. Avec une configuration de epsilon grand.
- Les résultats obtenus avec changement de la masse de la caisse notre commande obtient les performance de même qualité de celle obtenus pour M=0.
- Les résultats obtenus avec changement de la vitesse de vehicule(5km/h) donne les même résultats de celle de la vitesse (10km/h)
- A partir des résultat obtenus pour la commande adoucie (SAT) , nous concluons que les critères de performance sont de même qualité que par la loi de commande de type (sign), mais avec une commande moins oscillante.

III.7.2-système complet

L'analyse des figures de simulations (3.43 à 3.49) qui représentent les réponses temporelles d'un système de suspension non linéaire du véhicule complet avec un régulateur à mode glissant centralisée sur une route inégale, donnent (en plus des remarques citées avec le système de suspension non linéaire du demi-véhicule):

- L'Angle de roulis atteint la position d'équilibre plus rapide que le système passif.

Conclusion :

La commande centralisée pour la suspension (quart, demi et complet) montre la complexité de calcul et le nombre élevé des étapes, Mais on a réussi d'obtenir des résultats satisfaisants au point de vu confort et tenue de route.

Le régulateur centralisé par mode de glissement donne :

- Une bonne stabilité concernant le mouvement linéaire et angulaire.
- Une bonne robustesse des différentes perturbations sur (le profil de la route, et la masse de la caisse, la vitesse du véhicule).
- La consommation d'énergie croit lorsqu'on favorise le confort.
- L'énergie de la commande diminuée lorsqu'on utilise la commande adoucie.

La suspension active par mode de glissement donne de bonnes performances par rapport à la suspension passive.

Chapitre 4

IV SYNTHESE PAR MODE DE GLISSEMENT DECENTRALISEE

IV.1 Introduction

L'approche décentralisée[29] apporte une solution aux difficultés que pose la commande de tel système, dans une commande décentralisée chaque contrôleur local se base dans le calcul de sa commande, sur l'information qui lui est fournie par son capteur, aucun échange d'information n'est permis entre les contrôleurs, chacun de ces derniers possède ses propres critères de performance indépendamment des autres.

IV.2 Modèle demi véhicule.

Pour synthétiser la commande décentralisée par mode de glissement on utilise les résultats obtenus dans le cas quart de véhicule. Nous avons décomposé le système global en deux sous systèmes

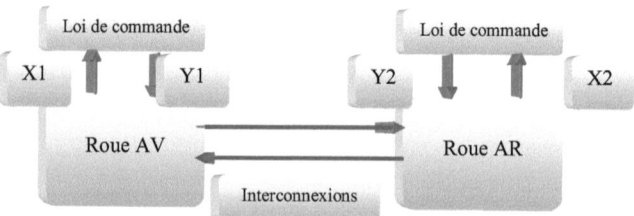

Fig(4.1)

Pour i= 1,2

$$\begin{cases} \dot{X}i1 = Xi2. \\ \dot{X}i2 = -\dfrac{1}{Msi}(Bis(Xi2 - Xi4) + Kis(Xi1 - Xi3) - A.X_{i5}) + V_i. \\ \dot{X}i3 = Xi4. \\ \dot{X}i4 = \dfrac{1}{Mus}(Bis(Xi2 - Xi4) + Kis(Xi1 - Xi3) - Kus(Xi3 - Xr) - A.X_{i5})_i \\ \dot{X}_{i5} = -\beta.X_{i5} - \alpha.A.(Xi2 - Xi4) + \gamma.\omega_i.X1_6 \\ \dot{X}_{i6} = \dfrac{1}{\tau}(u - X_6) \\ avec \quad \omega_i = \text{sgn}[P_s - \text{sgn}(X_{i6})X_{i5}]\sqrt{|P_s - \text{sgn}(X_{i6})X_{i5}|} \\ \alpha = \dfrac{V_t}{4.\beta_e}. \qquad \beta = \alpha.C_{tp} \qquad \gamma = \alpha.C_d\omega\sqrt{\dfrac{1}{\rho}} \end{cases} \qquad (4.1)$$

IV.3 Modèle véhicule complet

Pour synthétiser la commande décentralisée par mode de glissement on utilise les résultat obtenus dans la cas quart de véhicule. Nous avons décomposé le système global en quatre sous systèmes

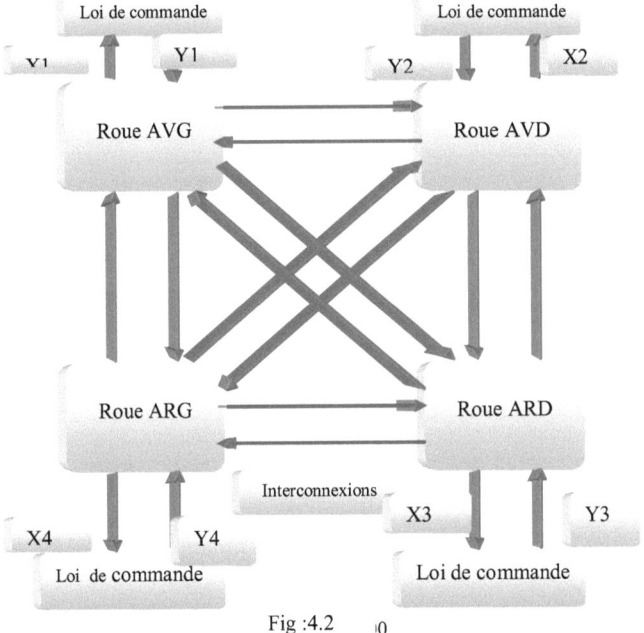

Fig :4.2

Chapitre 4 : Commande décentralisée par mode de glissement

Pour i= 1,2,3,4

$$\begin{cases} \dot{X}i1 = Xi2. \\ \dot{X}i2 = -\dfrac{1}{Msi}(Bis(Xi2-Xi4)+Kis(Xi1-Xi3)-A.X_{i5})+V_i. \\ \dot{X}i3 = Xi4. \\ \dot{X}i4 = \dfrac{1}{Mus}(Bis(Xi2-Xi4)+Kis(Xi1-Xi3)-Kus(Xi3-Xr)-A.X_{i5}) \\ \dot{X}_{i5} = -\beta.X_{i5}-\alpha.A.(Xi2-Xi4)+\gamma.\omega_i.X1_6 \\ \dot{X}_{i6} = \dfrac{1}{\tau}(u-X_6) \\ \text{avec} \quad \omega_i = \text{sgn}[P_s-\text{sgn}(X_{i6})X_{i5}]\sqrt{|P_s-\text{sgn}(X_{i6})X_{i5}|} \\ \alpha = \dfrac{V_t}{4.\beta_e}. \qquad \beta = \alpha.C_{tp} \qquad \gamma = \alpha.C_d\omega\sqrt{\dfrac{1}{\rho}} \end{cases}$$

Les variables d'état de chaque sous système sont définis comme suit

Roue avant gauche

$$\begin{cases} x_{11} = X_1-aX_3+0.5wX_5. \\ x_{12} = X_2-aX_4+0.5wX_6 \\ x_{13} = X_7 \\ x_{14} = X_8 \\ x_{15} = X_{15} \\ x_{16} = X_{16} \end{cases}$$

Roue avant droite

$$\begin{cases} x_{21} = X_1-aX_3-0.5wX_5. \\ x_{22} = X_2-aX_4-0.5wX_6 \\ x_{23} = X_9 \\ x_{24} = X_{10} \\ x_{25} = X_{17} \\ x_{26} = X_{18} \end{cases}$$

Roue arrière gauche

$$\begin{cases} x_{31} = X_1+bX_3+0.5wX_5. \\ x_{32} = X_2+bX_4+0.5wX_6 \\ x_{33} = X_{11} \\ x_{34} = X_{12} \\ x_{35} = X_{19} \\ x_{36} = X_{20} \end{cases}$$

Roue arrière droite

$$\begin{cases} x_4 = X_1+bX_3-0.5wX_5. \\ x_{42} = X_2+bX_4-0.5wX_6 \\ x_{43} = X_{13} \\ x_{44} = X_{14} \\ x_{45} = X_{21} \\ x_{46} = X_{22} \end{cases}$$

(4.2)

$$V_1 = \left(-\frac{1}{m_s} - a^2\frac{1}{I_{yy}} + \frac{w^2}{4I_{xx}}\right)\left[B_{Sf}(X_{22}-X_{24}) + K_{sf}(X_{21}-X_{23}) - A_p.X_{25}\right]$$

$$+ \left(-\frac{1}{m_s} + ab\frac{1}{I_{yy}} - \frac{w^2}{4I_{xx}}\right)\left[B_{Sf}(X_{32}-X_{34}) + K_{sf}(X_{31}-X_{33}) - A_p.X_{35}\right]$$

$$+ \left(-\frac{1}{m_s} + ab\frac{1}{I_{yy}} + \frac{w^2}{4I_{xx}}\right)\left[B_{Sf}(X_{42}-X_{44}) + K_{sf}(X_{41}-X_{43}) - A_p.X_{45}\right]$$

$$V_2 = \left(-\frac{1}{m_s} - a^2\frac{1}{I_{yy}} + \frac{w^2}{4I_{xx}}\right)\left[B_{Sf}(X_{22}-X_{24}) + K_{sf}(X_{21}-X_{23}) - A_p.X_{25}\right]$$

$$+ \left(-\frac{1}{m_s} + ab\frac{1}{I_{yy}} + \frac{w^2}{4I_{xx}}\right)\left[B_{Sf}(X_{32}-X_{34}) + K_{sf}(X_{31}-X_{33}) - A_p.X_{35}\right]$$

$$+ \left(-\frac{1}{m_s} + ab\frac{1}{I_{yy}} - \frac{w^2}{4I_{xx}}\right)\left[B_{Sf}(X_{42}-X_{44}) + K_{sf}(X_{41}-X_{43}) - A_p.X_{45}\right]$$

$$V_3 = \left(-\frac{1}{m_s} + a\,b\frac{1}{I_{yy}} - \frac{w^2}{4I_{xx}}\right)\left[B_{Sf}(X_{22}-X_{24}) + K_{sf}(X_{21}-X_{23}) - A_p.X_{25}\right]$$

$$+ \left(-\frac{1}{m_s} + ab\frac{1}{I_{yy}} + \frac{w^2}{4I_{xx}}\right)\left[B_{Sf}(X_{32}-X_{34}) + K_{sf}(X_{31}-X_{33}) - A_p.X_{35}\right]$$

$$+ \left(-\frac{1}{m_s} - b^2\frac{1}{I_{yy}} + \frac{w^2}{4I_{xx}}\right)\left[B_{Sf}(X_{42}-X_{44}) + K_{sf}(X_{41}-X_{43}) - A_p.X_{45}\right]$$

$$V_4 = \left(-\frac{1}{m_s} + a\,b\frac{1}{I_{yy}} + \frac{w^2}{4I_{xx}}\right)\left[B_{Sf}(X_{22}-X_{24}) + K_{sf}(X_{21}-X_{23}) - A_p.X_{25}\right]$$

$$+ \left(-\frac{1}{m_s} + ab\frac{1}{I_{yy}} - \frac{w^2}{4I_{xx}}\right)\left[B_{Sf}(X_{32}-X_{34}) + K_{sf}(X_{31}-X_{33}) - A_p.X_{35}\right]$$

$$+ \left(-\frac{1}{m_s} - b^2\frac{1}{I_{yy}} + \frac{w^2}{4I_{xx}}\right)\left[B_{Sf}(X_{42}-X_{44}) + K_{sf}(X_{41}-X_{43}) - A_p.X_{45}\right]$$

(4.3)

$$u = \tau(\dot{S}_t + \dot{G}_{i3}) + X_{i6}$$

$$\tilde{X}_{i3} = \frac{\varepsilon}{s+\varepsilon} X_{i3}$$

$$z_{i1} = X_{i1} - \tilde{X}_{i3}$$
$$z_{i2} = X_{i2} - G_{i1}$$
$$z_{i3} = X_{i5} - G_{i2}$$

$$\dot{z}_{i2} = \frac{A}{m_{si}} z_{i3} - z_{i1} - c_{i2} z_{i2}$$

$$\dot{z}_{i3} = \gamma \omega_i Si - \frac{A}{m_{si}} z_{i2} - c_{i3} z_{i3}$$

$$\dot{G}_{i1} = -c_{i1} \dot{z}_{i1} - \varepsilon(X_{i2} - X_{i1})$$

$$\ddot{G}_{i1} = -c_{i1}(c_{i1}+\varepsilon)^2 \dot{z}_{i1} + c_{i1}(c_{i1}+\varepsilon)\dot{z}_{i1} + c_{i1}c_{i2}\dot{z}_{i2} + c_{i1}\dot{z}_{i1} - \frac{c_{i1}A}{m_{si}} z_{i3} - \varepsilon \dot{\omega}_{i1}$$

$$G_2 = \frac{m_s}{A}\left(-z_1 - c_2 z_2 + \frac{k_s}{m_s}(X_1 - X_3) + \frac{B_s}{m_s}(X_2 - X_4) + \dot{G}_1\right)$$

$$\ddot{G}_{i2} = \frac{m_{si}}{A}\Big[(c_{i1}+\varepsilon+c_{i2})\dot{z}_{i1} - (1-c_{i2}^2)\dot{z}_{i2} - c_{i2}\frac{A}{m_{si}}\dot{z}_{i3} + \frac{k_{is}}{m_{si}}\omega_{i1} + \frac{B_{is}}{m_{si}}\dot{\omega}_{i1} + \ddot{G}_{i1}\Big]$$

$$\omega_{i1} = -m_{ti}(k_{is}(X_{i1}-X_{i3}) + B_{is}(X_{i2}-X_{i4}) - AX_{i5}) + \frac{k_{ius}}{m_{ius}} X_{i3}$$

$$\dot{\omega}_{i1} = -m_{si}(k_{is}(X_{i2}-X_{i4}) + B_{is}\omega_{i1} - A\dot{X}_{i5}) + \frac{k_{ius}}{m_{ius}} X_{i4}$$

$$\dot{G}_{i3} = \frac{1}{\gamma \omega_i}\left(\beta \dot{X}_{i5} + \alpha A \omega_{i1} + \ddot{G}_{i2} - \frac{A}{m_{si}}\dot{z}_{i2} - c_{i3}\dot{z}_{i3}\right)$$

$$m_{ti} = \frac{1}{m_{si}} + \frac{1}{m_{us}}$$

$$\dot{S}_1 = -q_1 \text{sgn} S_1 - k_1 S_1 \qquad \text{avec } q_1 \; K_1 \; \rangle 0$$

(4.4)

- **Perturbation de la route** : On prend les mêmes perturbations précédentes pour demi et complet

Chapitre 4 : Commande décentralisée par mode de glissement

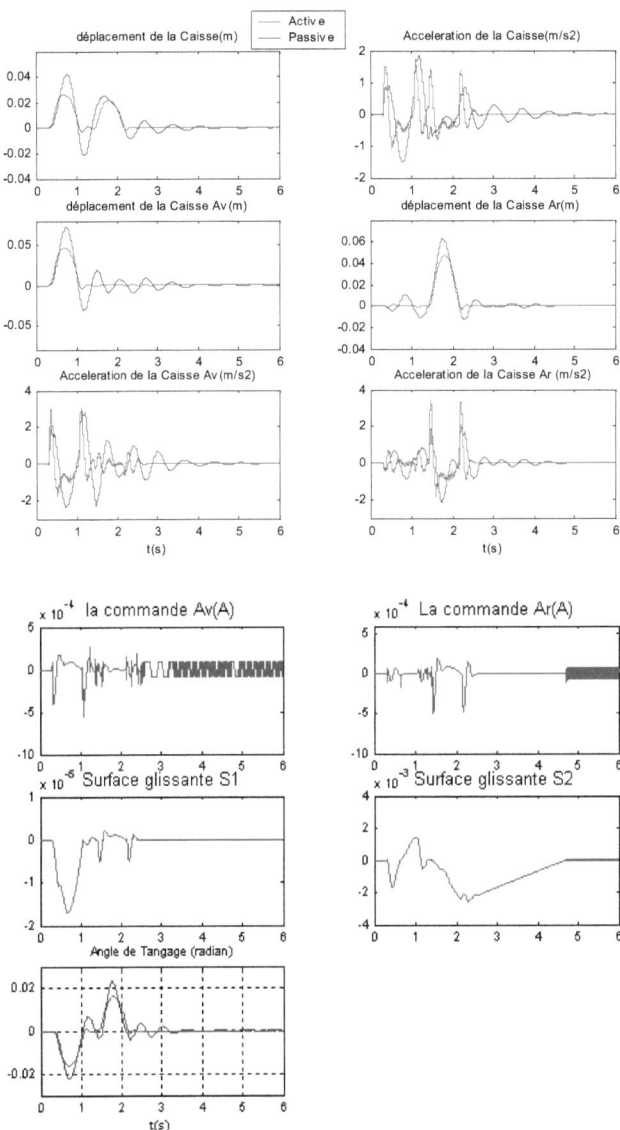

Fig 4.3: Réponse des différents paramètres à un passage sur un dos d'âne(0.05m) avec ε=30 Ms=700 v=10km/h (demi - décentralisée)

Chapitre 4 : Commande décentralisée par mode de glissement

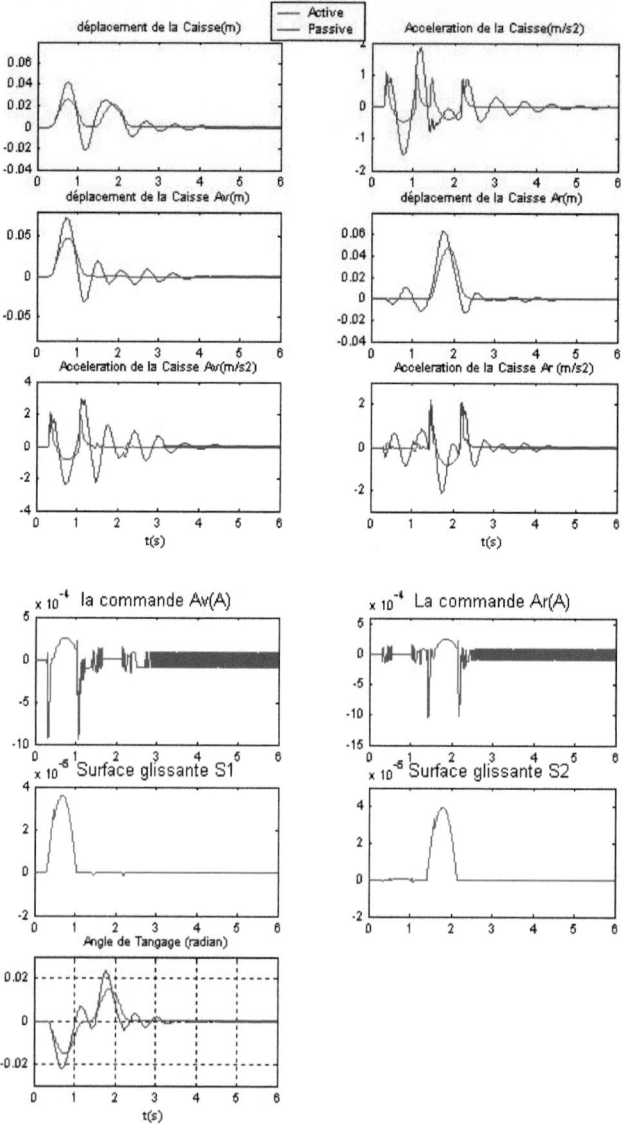

Fig 4.4: Réponse des différents paramètres à un passage sur un dos d'âne(0.05m) avec ε=10 Ms=700 v=10km/h (demi - décentralisée)

Chapitre 4 : Commande décentralisée par mode de glissement

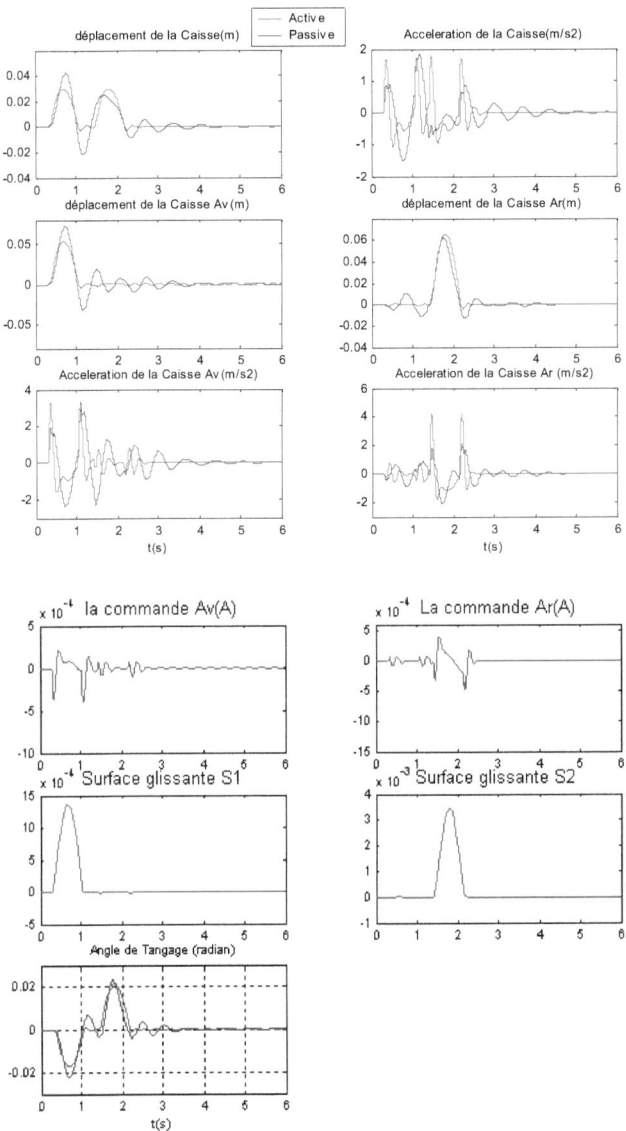

Fig 4.5: Réponse des différents paramètres à un passage sur un dos d'âne(0.05m) avec ε=30 Ms=700 v=10km/h avec la fonction SAT (demi - décentralisée)

Chapitre 4 : Commande décentralisée par mode de glissement

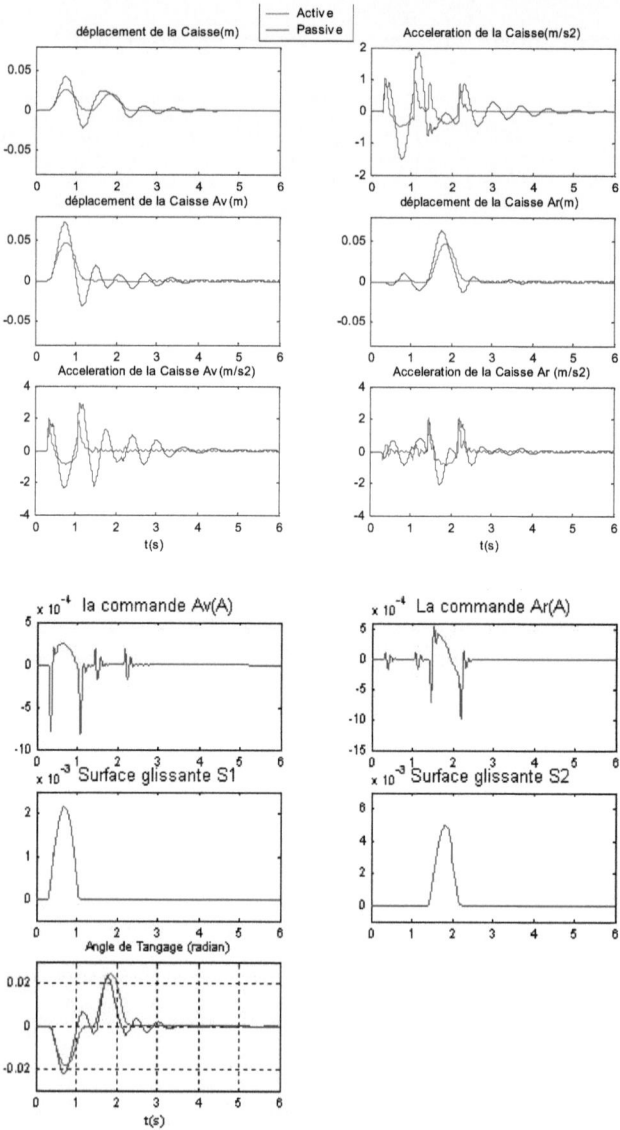

Fig 4.6: Réponse des différents paramètres à un passage sur un dos d'âne(0.05m) avec ε=10 Ms=700 v=10km/h avec la fonction SAT (demi - décentralisée)

Chapitre 4 : Commande décentralisée par mode de glissement

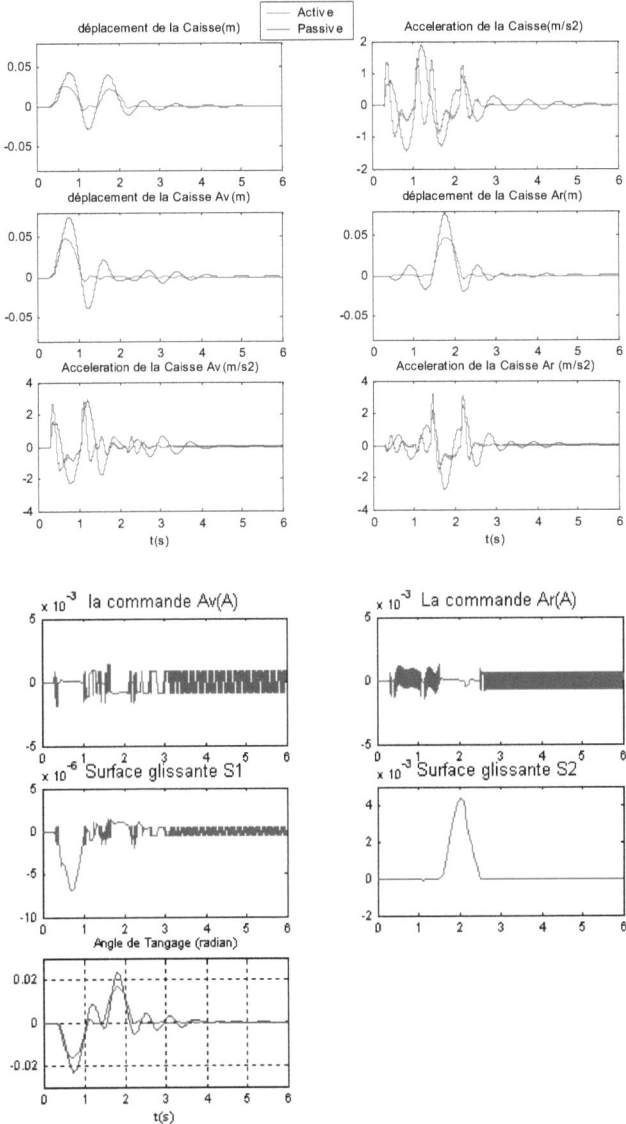

Fig 4.7: Réponse des différents paramètres à un passage sur un dos d'âne(0.05m) avec ε=30 ΔMs=200 v=10km/h (demi - décentralisée)

Chapitre 4 : Commande décentralisée par mode de glissement

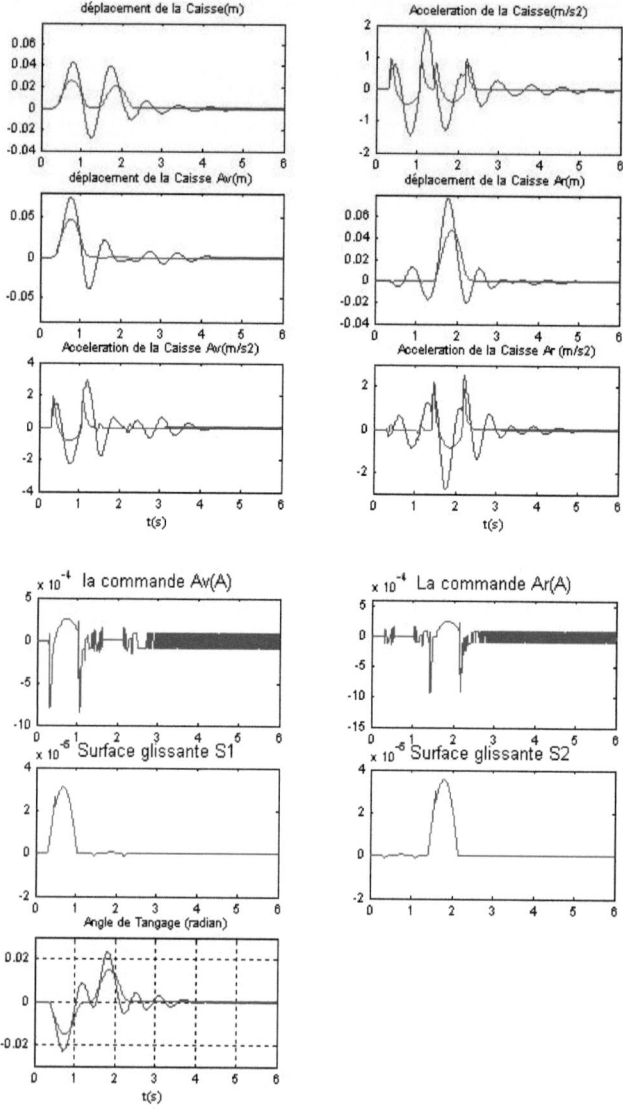

Fig 4.8: Réponse des différents paramètres à un passage sur un dos d'âne(0.05m) avec ε=10 ΔMs=200 v=10km/h (demi - décentralisée)

Chapitre 4 : Commande décentralisée par mode de glissement

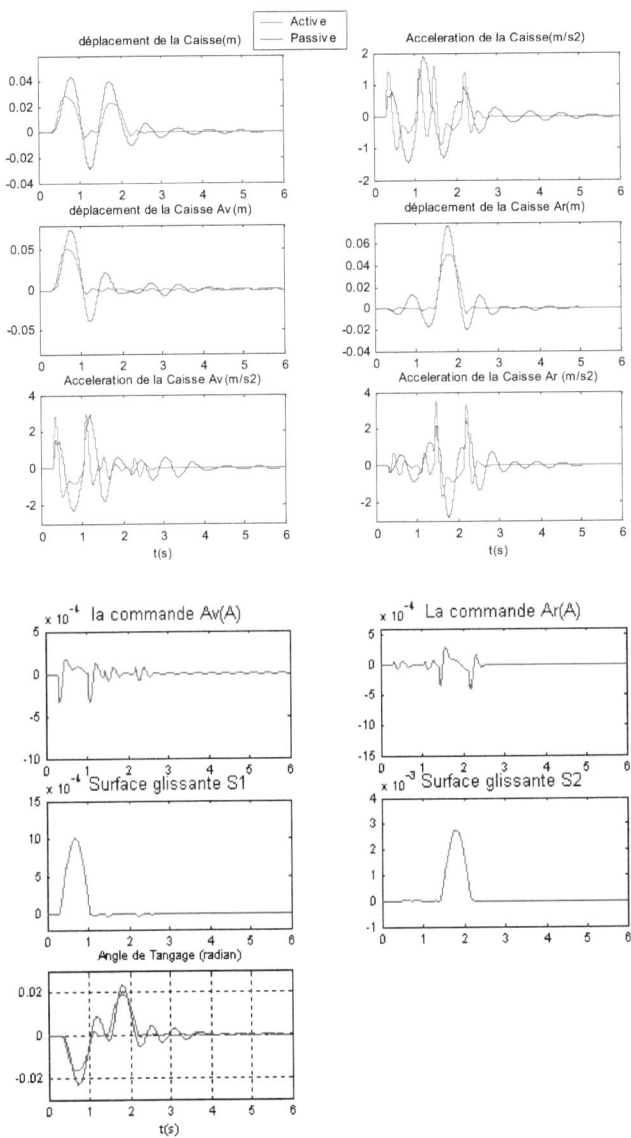

Fig 4.9: Réponse des différents paramètres à un passage sur un dos d'âne(0.05m) avec ε=30 ΔMs=200 v=10km/h avec la fonction SAT (demi - décentralisée)

Chapitre 4 : Commande décentralisée par mode de glissement

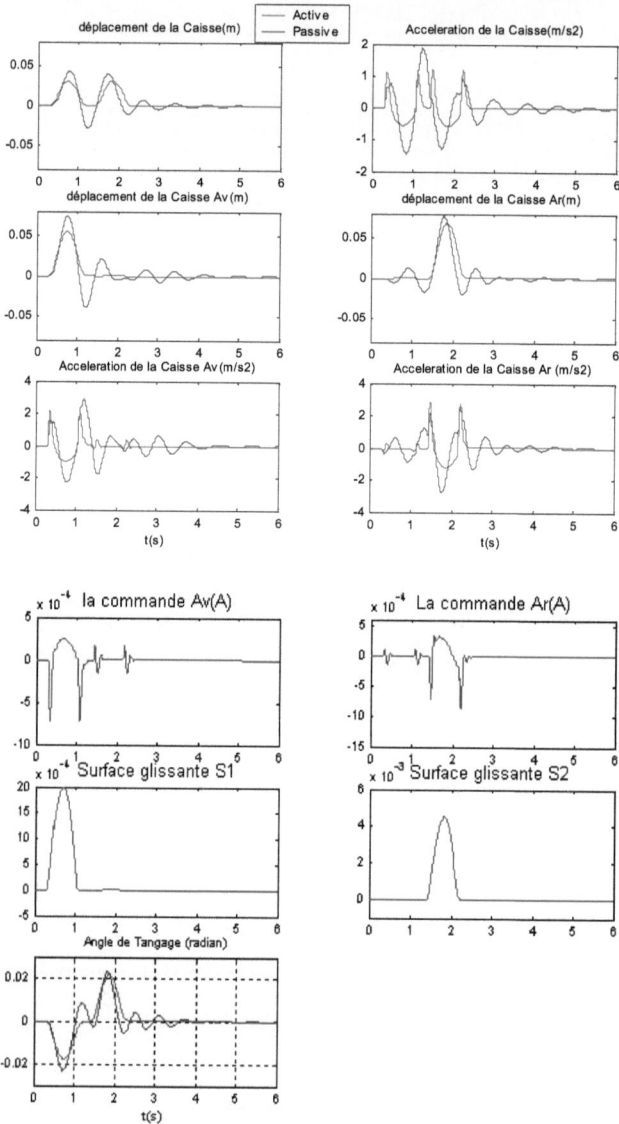

Fig 4.10: Réponse des différents paramètres à un passage sur un dos d'âne(0.05m) avec ε=10 ΔMs=200 v=10km/h avec la fonction SAT (demi - décentralisée)

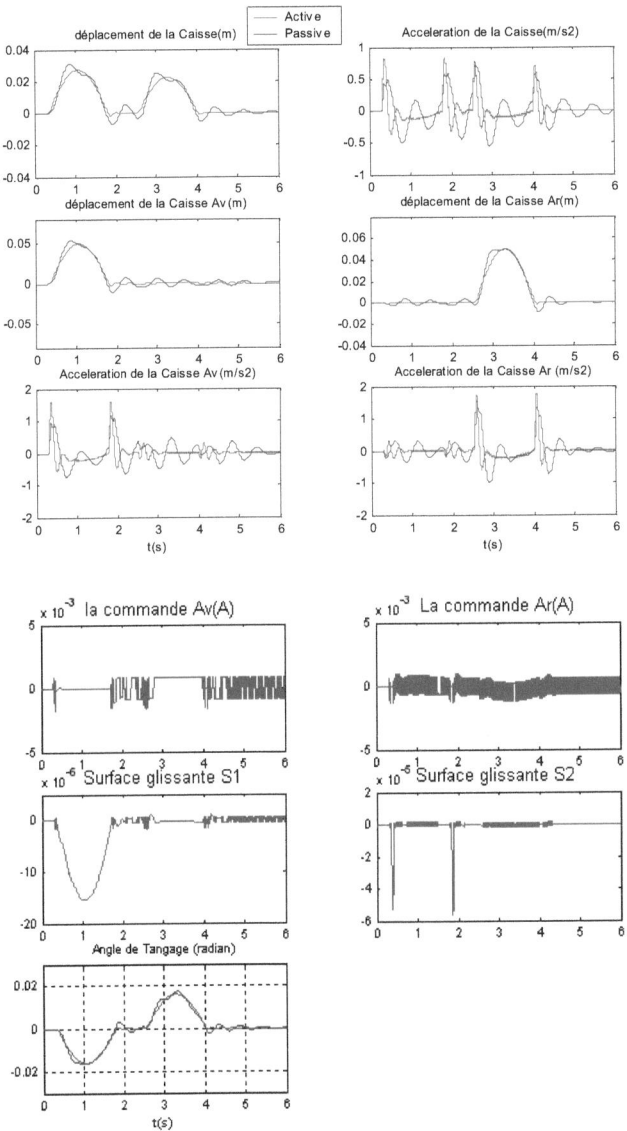

Fig 4.11: Réponse des différents paramètres à un passage sur un dos d'âne(0.05m) avec ε=30 Ms=700 v=5km/h (demi - décentralisée)

Chapitre 4 : Commande décentralisée par mode de glissement

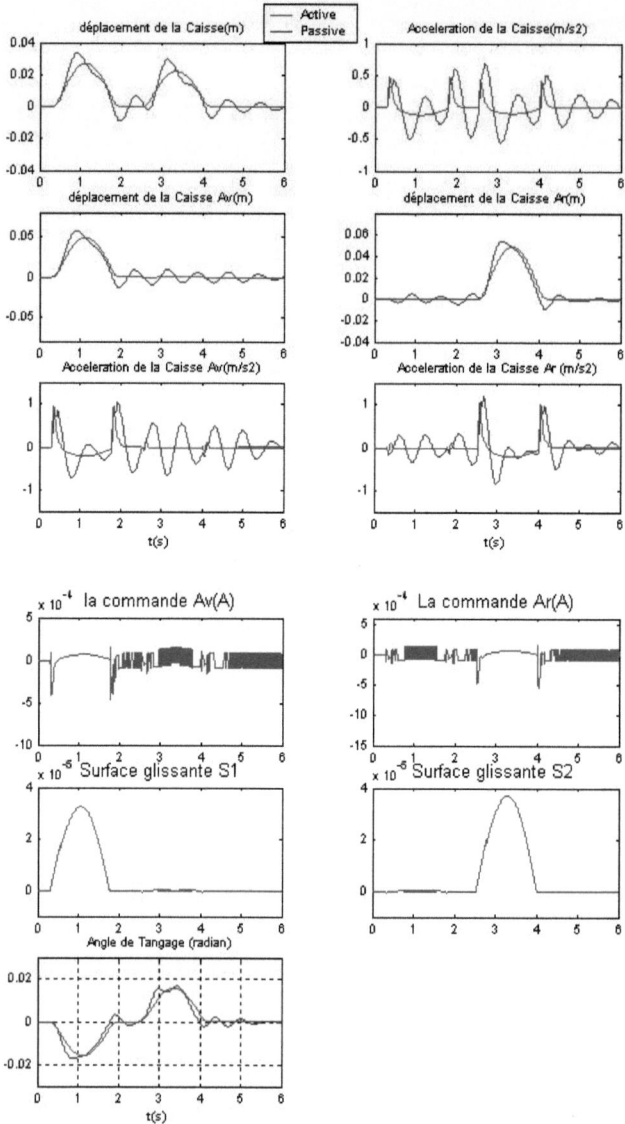

Fig 4.12: Réponse des différents paramètres à un passage sur un dos d'âne(0.05m) avec ε=10 Ms=700 v=5km/h (demi - décentralisée)

Chapitre 4 : Commande décentralisée par mode de glissement

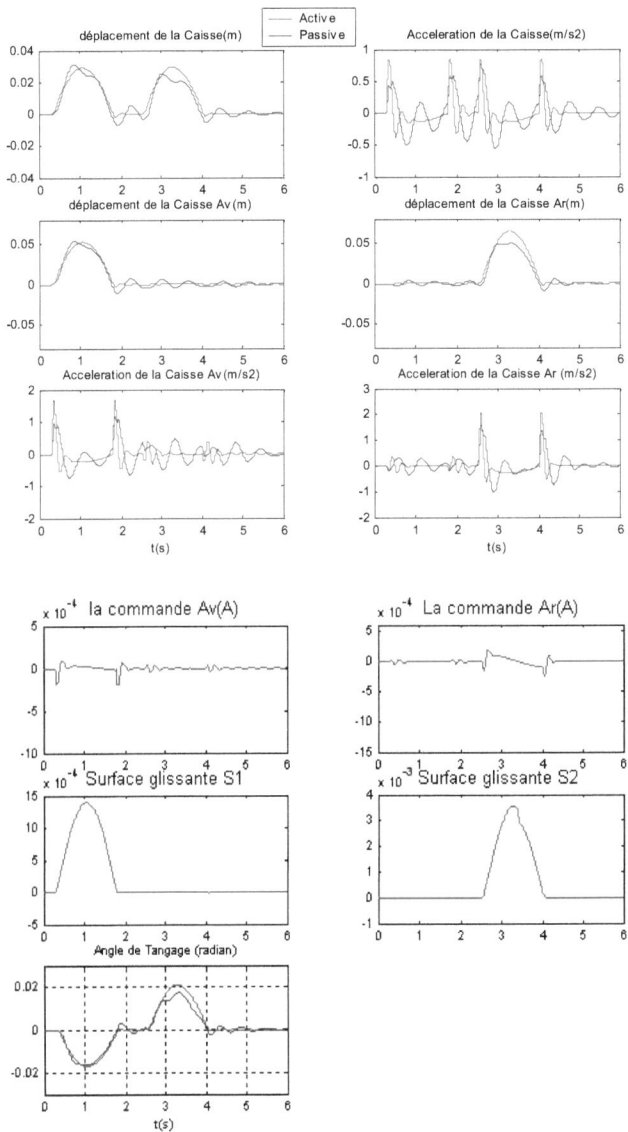

Fig 4.13: Réponse des différents paramètres à un passage sur un dos d'âne(0.05m) avec ε=30 Ms=700 v=5km/h avec la fonction SAT (demi - décentralisée)

Chapitre 4 : Commande décentralisée par mode de glissement

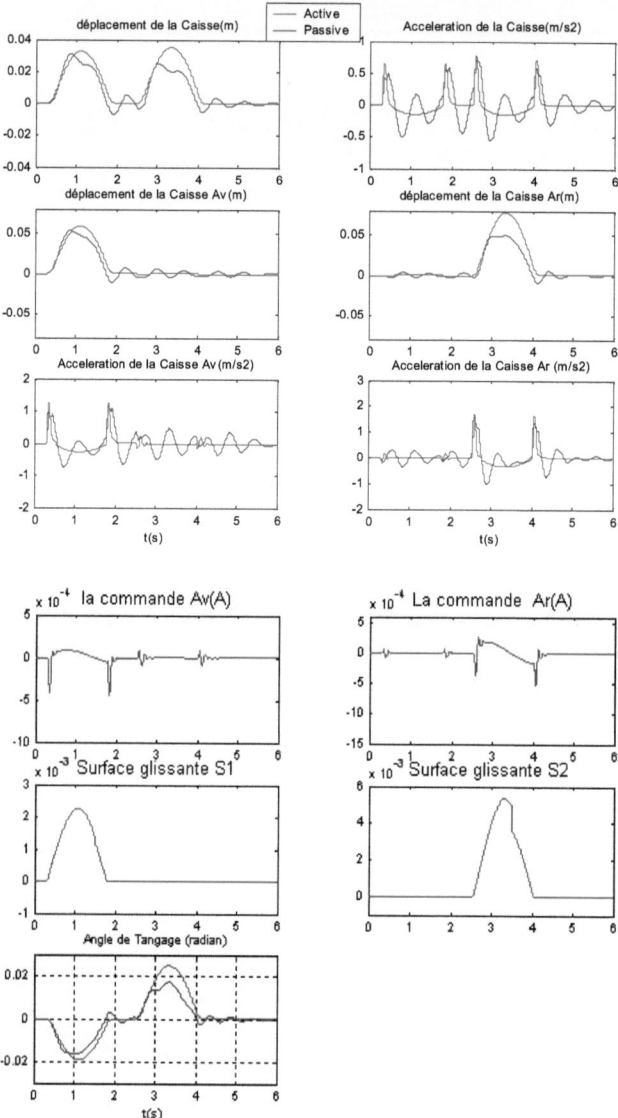

Fig 4.14: Réponse des différents paramètres à un passage sur un dos d'âne(0.05m) avec ε=10 Ms=700 v=5km/h avec la fonction SAT (demi - décentralisée)

Chapitre 4 : Commande décentralisée par mode de glissement

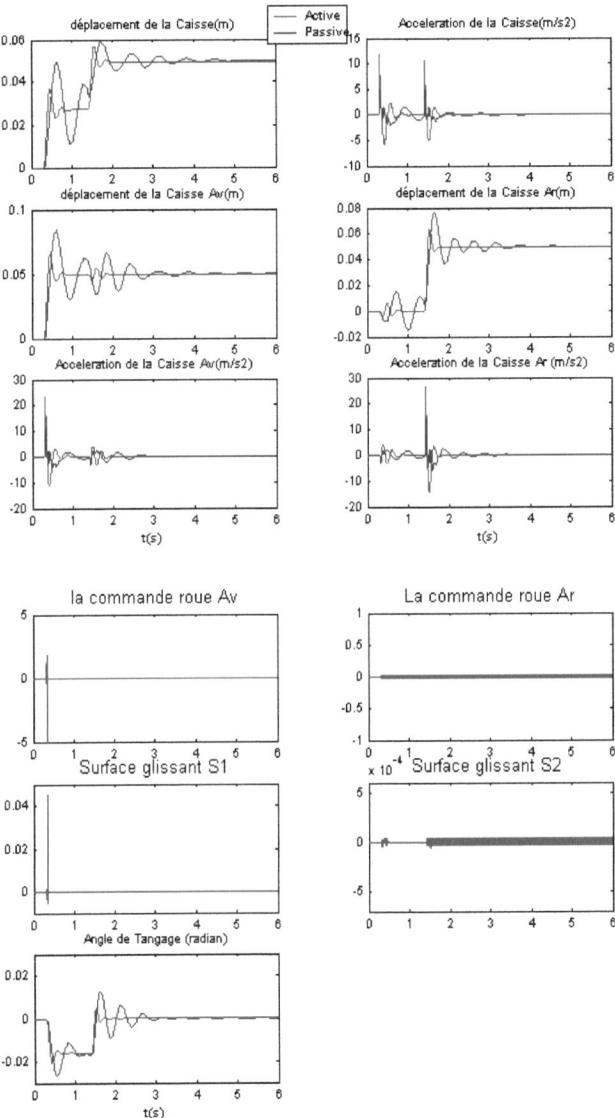

Fig 4.15: Réponse des différents paramètres à un passage sur un trottoir (0.05m) avec ε=30 Ms=700 v=10km/h (demi - décentralisée)

Chapitre 4 : Commande décentralisée par mode de glissement

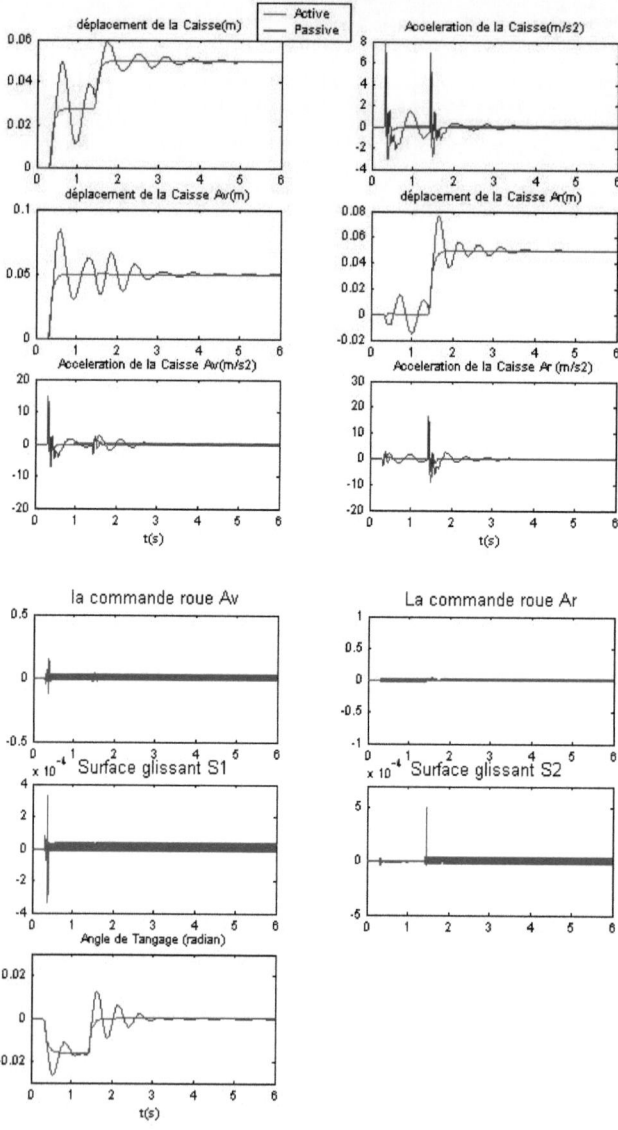

Fig 4.16: Réponse des différents paramètres à un passage sur un trottoir (0.05m) avec ε=10 Ms=700 v=10km/h (demi - décentralisée)

Chapitre 4 : Commande décentralisée par mode de glissement

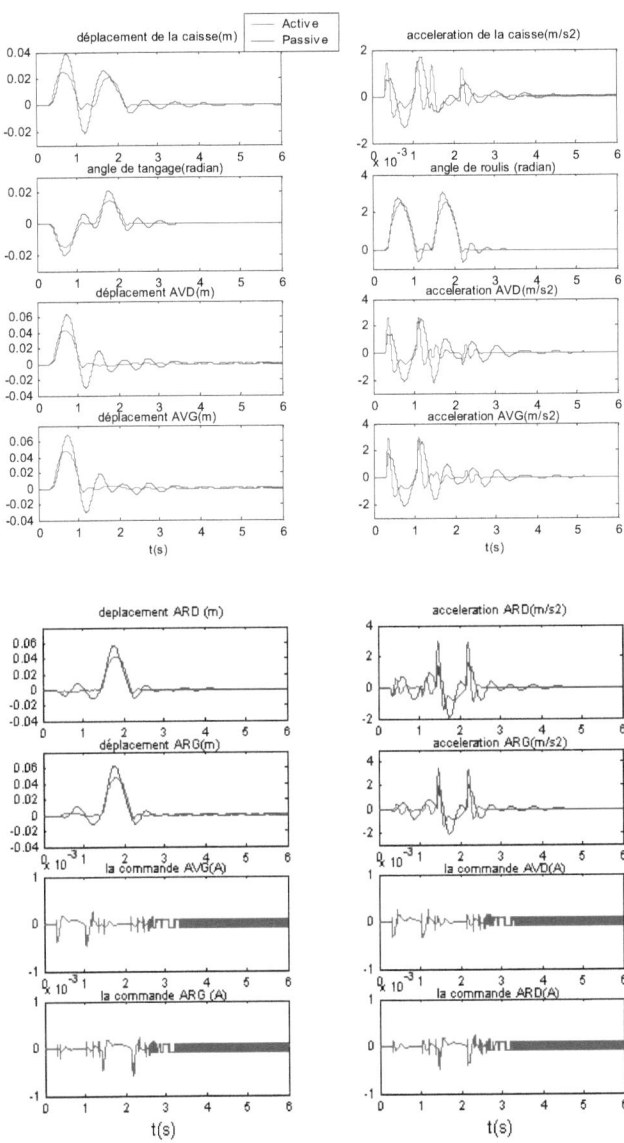

Fig 4.17: Réponse des différents paramètres à un passage sur un dos d'âne(0.05m) avec ε=30 Ms=1500 v=10km/h(complet -décentralisée)

Chapitre 4 : Commande décentralisée par mode de glissement

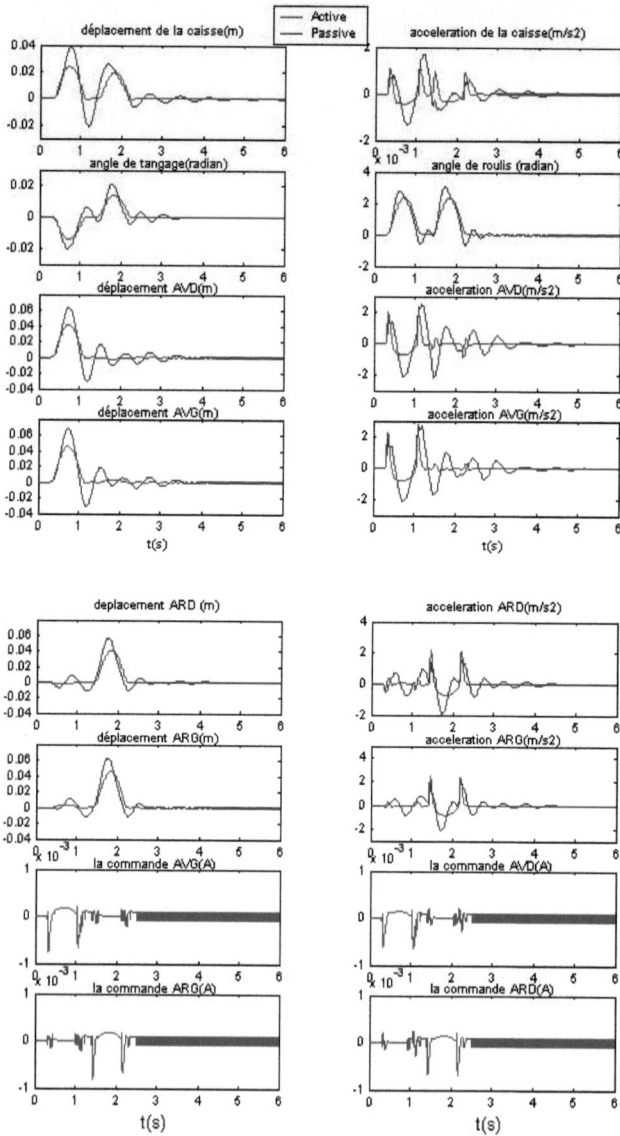

Fig 4.18: Réponse des différents paramètres à un passage sur un dos d'âne(0.05m) avec ε=10 Ms=1500 v=10km/h(Complet -décentralisée)

Chapitre 4 : Commande décentralisée par mode de glissement

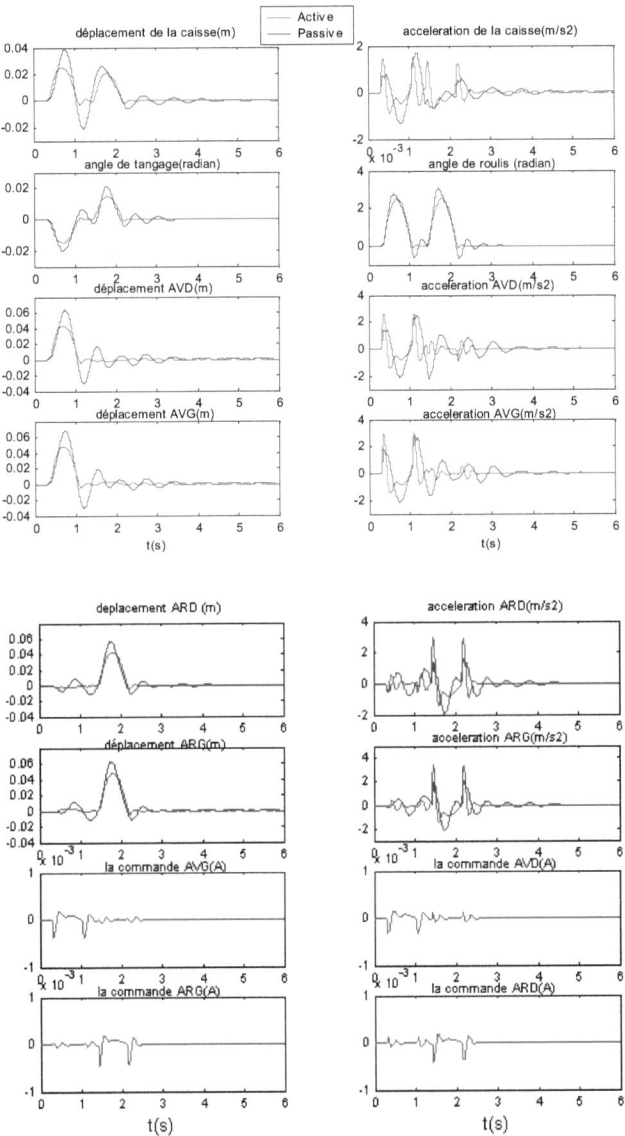

Fig 4.19: Réponse des différents paramètres à un passage sur un dos d'âne(0.05m) avec $\varepsilon=30$ Ms=1500 v=10km/h avec la fonction SAT(Complet -décentralisée)

Chapitre 4 : Commande décentralisée par mode de glissement

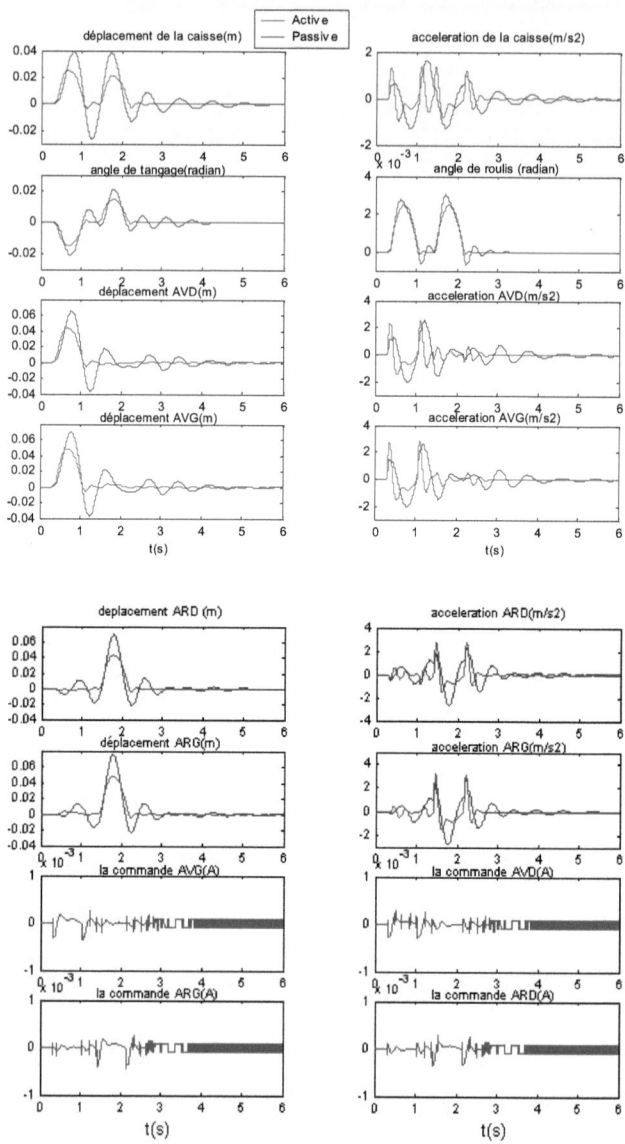

Fig4.20: Réponse des différents paramètres à un passage sur un dos d'âne(0.05m) avec ε=30 ΔMs=400 v=10km/h (complet -décentralisée)

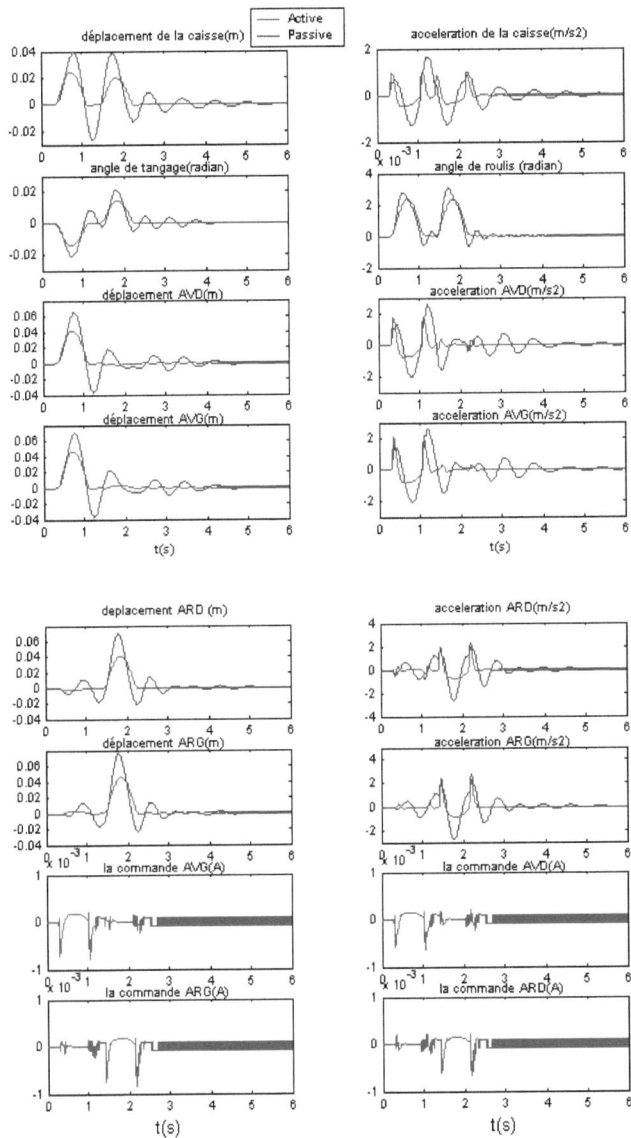

Fig 4.21: Réponse des différents paramètres à un passage sur un dos d'âne(0.05m) avec
ε=10 ΔMs=400 v=10km/h (complet -décentralisée)

Chapitre 4 : Commande décentralisée par mode de glissement

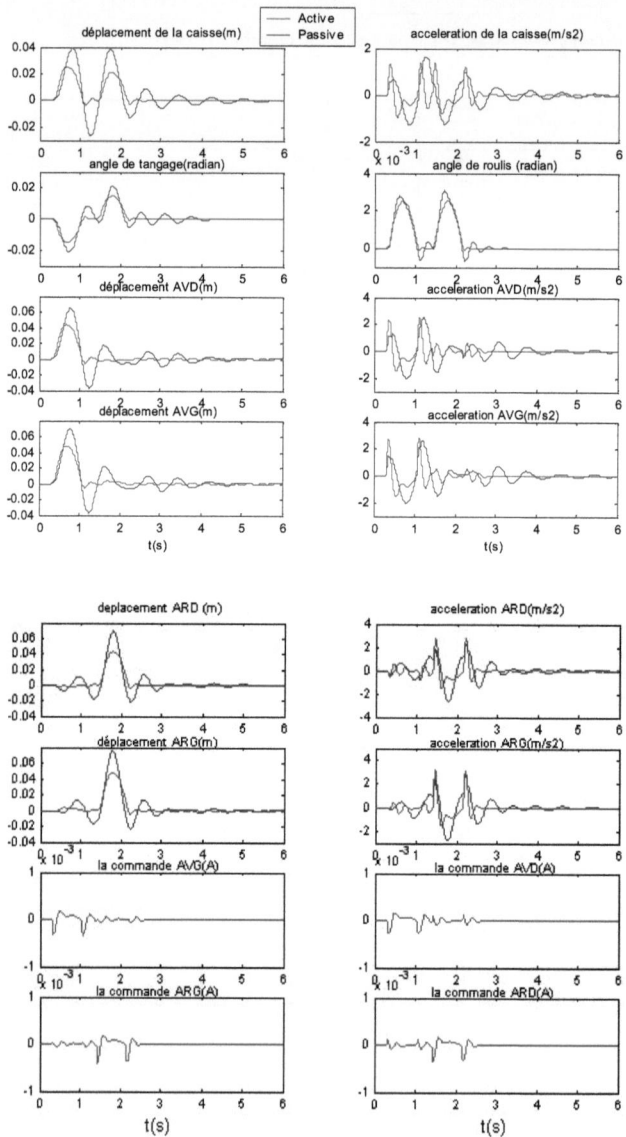

Fig 4.22: Réponse des différents paramètres à un passage sur un dos d'âne(0.05m) avec ε=30 ΔMs=400 v=10km/h avec la fonction SAT (complet - décentralisée)

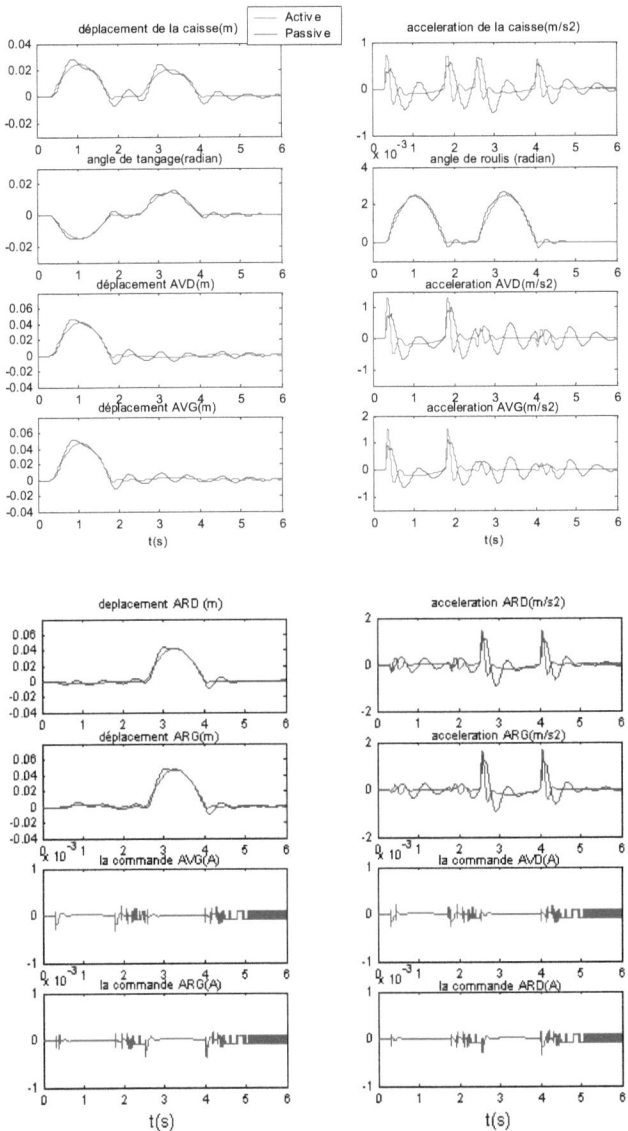

Fig 4.23: Réponse des différents paramètres à un passage sur un dos d'âne(0.05m) avec $\varepsilon=30$ Ms=1500 v=5km/h(complet - décentralisée)

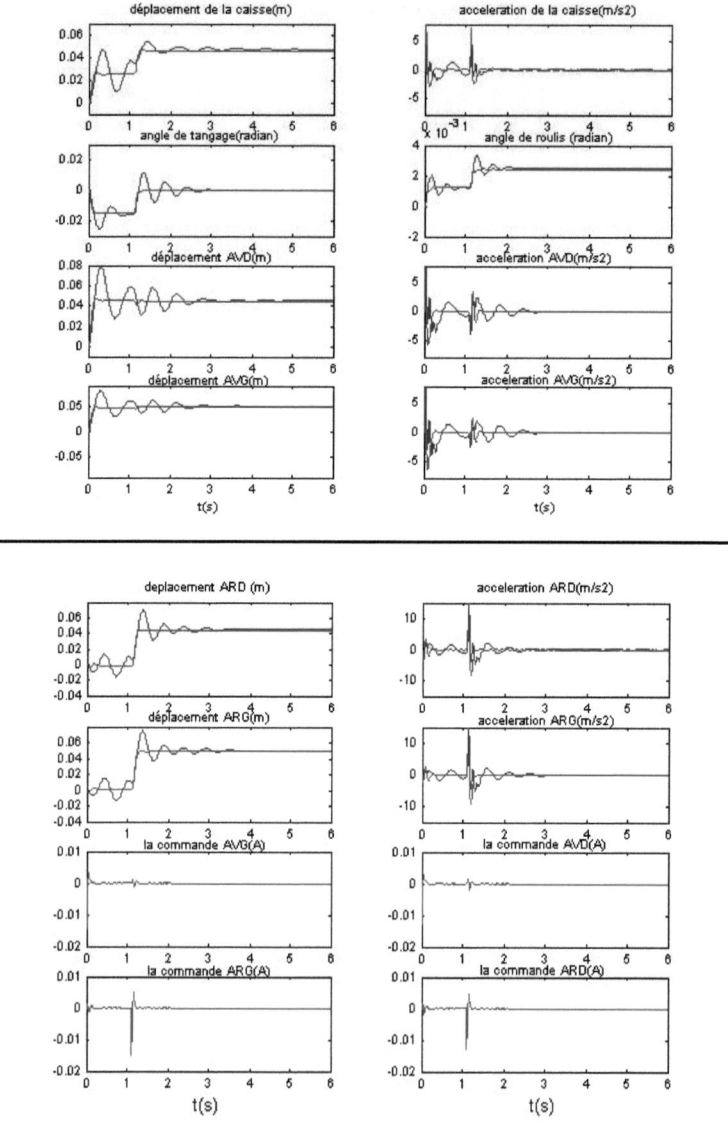

Fig 4.24: Réponse des différents paramètres à un passage sur un trottoir(0.05m) avec $\varepsilon=30$ Ms=1500 v=10km/h(complet - décentralisée)

IV.6. Interprétation des résultats

IV.6.1-Demi véhicule

Les résultats de simulation obtenus avec la technique mode de glissement d'un système de suspension non linéaire du demi de véhicule (type bicyclette) avec un régulateur à mode glissant décentralisée , y compris les différents test par rapport aux perturbations ainsi qu'aux variation de la vitesse de véhicule sont présentés sur les figures fig4.3 - fig4.16. , Pour une perturbation dos d'âne(les même remarques que la commande centralisée) :

- La caisse atteint la position d'équilibre sans oscillation, suivant la configuration choisis.
- L'amélioration des performance du confort par rapport au passive avec une configuration d'ε.
- L'amélioration des performance de sécurité par rapport au passive. Avec une configuration d'ε grand.
- Les résultats obtenus avec changement de la masse de la caisse notre commande obtient les performance de même qualité de celle obtenus pour M=0.
- Les résultats obtenus avec changement de la vitesse de véhicule(5km/h) donne les même résultats de celle de la vitesse (10km/h)
- A partir des résultat obtenus pour la commande adoucie (SAT) , nous concluons que les critères de performance sont de même qualité que par la loi de commande de type (sign), mais avec une commande moins oscillante.

IV.6.2-système complet

L'analyse des figures de simulations (4.17 à 4.24) qui représentent les réponses temporelles d'un système de suspension non linéaire du véhicule complet avec un régulateur à mode glissant centralisée sur une route inégale, donnent (en plus des remarques citées avec le système de suspension non linéaire du demi-véhicule):

- L'Angle de roulis atteint la position d'équilibre plus rapide que le système passif.

Conclusion

Le comportement de la suspension a été étudié en soumettant levéhicule aux différentes perturbations (le profil de la route).
Les résultats obtenues par la commande décentralisée mode glissant sont :
On a une bonne stabilité linéaire et angulaire.
Les résultats affirment la robustesse du régulateur décentralisé à toutes les perturbations citées précédemment et a l'effet de l'interconnexions.
C'est presque les mêmes remarques pour la commande centralisée, sauf les faibles exigences en matière de calculs.

IV.6.3 Modèle du quart de véhicule:
- a) **Critères:**

Soit T la durée de la simulation.
- Confort : Le confort est directement étudié dans le déplacement vertical de la caisse et l'accélération de ce déplacement. Ainsi un bon confort est obtenu en limitant au maximum le déplacement de la caisse Z_{caisse} .même chose pour l'accélération de la caisse

$$J_C = \min \sum_T \left| \ddot{X}_c \right|$$

- Tenue de route: on cherche à annuler l'écart entre la roue et la route

$$J_s = \min \sum_T \left| X_w - X_r \right|$$

- Energie de commande: on cherche a minimiser au maximum l'énergie

$$J_u = \min \sum_T |u|$$

- **b) Comparaison des valeurs des critères de performances:**

Quart de véhicule

1-Dos d'âne Ms =300 kg V=10 km/h

Type de commande	Mode glissant avec sign		Mode glissant avec SAT		Passive
Configuration	$\varepsilon=10$	$\varepsilon=30$	$\varepsilon=10$	$\varepsilon=30$	
Confort	6.9517e+003	1.0742e+004	8.8935e+003	1.2220e+004	2.8486e+004
Tenue de route	19.7439	12.6826	22.4446	16.0944	47.5935
Energie de la commande	5.9356	5.0684	2.0505	1.2509	-

Tableau (4.1)

2-Dos d'âne Δ Ms =100 kg V=10 km/h

Type de commande	Mode glissant avec sign		Mode glissant avec SAT		Passive
Configuration	$\varepsilon=10$	$\varepsilon=30$	$\varepsilon=10$	$\varepsilon=30$	
Confort	7.2542e+003	1.1295e+004	8.3735e+003	1.1921e+004	3.6535e+004
Tenue de route	26.2265	16.5016	28.4500	19.68916	79.7545
Energie de la commande	5.0268	4.488	2.0235	1.2812	-

Tableau(4.2)

3-Dos d'âne Ms =300 kg V=5 km/h

Type de commande	Mode glissant avec sign		Mode glissant avec SAT		Passive
Configuration	$\varepsilon=10$	$\varepsilon=30$	$\varepsilon=10$	$\varepsilon=30$	
Confort	4.3612e+003	5.5526e+003	4.8773e+003	6.2189e+003	1.1395e+004
Tenue de route	10.1046	7.4269	11.4191	8.7676	19.0602
Energie de la commande	4.4550	3.9648	1.3173	0.6990	-

Tableau(4.3)

Remarques:

1. Lorsqu'on favorise la sécurité (on augmente la valeur de la configuration), on a toujours une bonne tenue de route et un mauvais confort (accélération). cela implique un compromis entre les performances confort et sécurité.
2. La consommation d'énergie croit lorsqu'on favorise le confort, cela veut dire que la suspension douce fait fonctionner de plus l'actionneur hydraulique.
3. L'énergie de la commande diminuél'lorsque en utilise la commande adoucie avec la fonction SAT

IV.6.4 Modèle de demi véhicule:

IV.6.4 –a) Critères:

Les critères de performances s'appliquent pour le déplacement linéaire et angulaire de la caisse (mouvement de tangage).

- Confort:

Un bon confort est obtenu on limitant au maximum les deux déplacements de la caisse, vertical Z_{caisse} et angulaire θ_{caisse}, ainsi que l'accélération vertical $\ddot{Z}_{caisse}$ et angulaire de la caisse $\ddot{\theta}_{caisse}$.

- Tenue de route:

On cherche à minimiser au maximum la somme des écarts, pour les deux roues avant et arrière

$$J_s = \min(\sum_T (Z_{uf} - Z_{rf}) + \sum_T (Z_{ur} - Z_{rr})).$$

- Energie de commande :

On cherche à minimiser au maximum l'énergie sur les suspensions avant et arrière

$$J_u = \min \sum_T |u_f| + \min \sum_T |u_r|.$$

b) Comparaison des valeurs des critères de performances:

En appliquant les critères du système demi véhicule concernant le confort, sécurité et celle de l'énergie consommée on trouve les tableaux comparatifs suivants:

- Dos d'âne Ms=700kg V=10km/h

Type de commande Configuration	Mode glissant avec sign centralisée $\varepsilon=10$	Mode glissant avec sign centralisée $\varepsilon=30$	Mode glissant avec SAT centralisée $\varepsilon=10$	Mode glissant avec SAT centralisée $\varepsilon=30$	Mode glissant avec sign décentralisée $\varepsilon=10$	Mode glissant avec sign décentralisée $\varepsilon=30$	Mode glissant avec SAT décentralisée $\varepsilon=10$	Mode glissant avec SAT décentralisée $\varepsilon=30$	Passive
Confort avant	7.6546e+003	1.3189e+004	7.8150e+003	1.2954e+004	9.6771e+003	1.5022e+004	7.6575e+003	1.3189e+004	3.0124e+004
Confort arrière	8.5301e+003	1.4232e+004	7.9764e+003	1.2990e+004	1.2470e+004	1.6898e+004	8.5306e+003	1.4231e+004	1.8312e+004
Confort CDG	7.1421e+003	1.1935e+004	7.3551e+003	1.1406e+004	1.0229e+004	1.3702e+004	7.1433e+003	1.1935e+004	1.7546e+004
Confort Angulaire	4.4534e+003	7.1204e+003	4.4447e+003	6.7350e+003	6.4286e+003	8.3745e+003	4.5435e+003	7.1205e+003	1.2038e+004
Tenue de route	53.2867	36.4219	49.8027	31.1784	60.2360	43.4157	53.2867	36.4247	81.0091
Energie de commande	11.7848	8.5496	11.3875	6.8842	5.4274	3.5636	6.8360	3.2017	

Tableau (4.4)

- **Dos d'âne ΔMs=200kg V=10km/h**

Type de commande	Mode glissant avec sign centralisée		Mode glissant avec SAT centralisée		Mode glissant avec sign décentralisée		Mode glissant avec SAT décentralisée		Passive
Configuration	ε=10	ε=30	ε=10	ε=30	ε=10	ε=30	ε=10	ε=30	
Confort avant	7.5784e+003	1.4053e+004	7.5782e+003	1.4052e+004	7.7289e+003	1.3533e+004	9.2401e+003	1.5042e+004	2.7802e+004
Confort arrière	7.9265e+003	1.4694e+004	7.9262e+003	1.4694e+004	7.7554e+003	1.3469e+004	1.1293e+004	1.6302e+004	2.6450e+004
Confort CDG	7.1827e+003	1.2486e+004	7.1823e+003	1.2486e+004	7.3441e+003	1.1852e+004	9.4932e+003	1.3438e+004	2.0187e+004
Confort Angulaire	4.4386e+003	7.3323e+003	4.4384e+003	7.3322e+003	4.4053e+003	6.8599e+003	5.9243e+003	7.9919e+003	1.3515e+004
Tenue de route	69.2947	40.2498	69.2944	40.2515	65.0070	38.5718	74.3311	50.4749	112.6516
Energie de commande	12.4865	10.4909	5.7212	3.1946	11.0819	70.7194	4.9329	3.3197	-

Tableau(4.5)

- **Dos d'âne Ms=700kg V=5km/h**

Type de commande	Mode glissant avec sign centralisée		Mode glissant avec SAT centralisée		Mode glissant avec sign décentralisée		Mode glissant avec SAT décentralisée		Passive
Configuration	$\varepsilon=10$	$\varepsilon=30$	$\varepsilon=10$	$\varepsilon=30$	$\varepsilon=10$	$\varepsilon=30$	$\varepsilon=10$	$\varepsilon=30$	
Confort avant	4.2588e+003	6.8141e+003	4.2588e+003	6.8140e+003	4.8921e+003	6.9881e+003	5.2584e+003	7.7669e+003	1.5092e+004
Confort arrière	4.7475e+003	7.1905e+003	4.7485e+003	7.1905e+003	5.0417e+003	6.9761e+003	6.6917e+003	8.5644e+003	1.4096e+004
Confort CDG	3.9629e+003	6.1323e+003	3.9631e+003	6.1322e+003	4.0424e+003	5.7011e+003	5.4973e+003	7.0403e+003	1.2102e+004
Confort Angulaire	2.5939e+003	3.6523e+003	2.5942e+003	3.6523e+003	2.7471e+003	3.6036e+003	3.5409e+003	4.2877e+003	6.7343e+003
Tenue de route	27.4902	20.1287	27.4902	20.1325	25.7324	17.9339	31.1528	23.2452	50.6998
Energie de commande	6.3056	4.9181	3.7519	1.6850	8.7426	67.6255	3.8255	2.3159	-

Tableau(4.6)

Remarques:

De la même manière que le système du quart de véhicule, l'analyse des tableaux soulèvent les points suivants:
- La suspension active donne de bonnes performances par rapport à la suspension passive.
- Le compromis confort/sécurité est toujours vérifié.
- Le régulateur mode glissant a démontré qu'il est robuste aux différentes perturbations.

IV.6.5 Modèle de véhicule complet:

IV.6.5 –a) Critères:

Les critères de performances s'appliquent pour les déplacements linéaires et angulaires de la caisse (mouvement de tangage et roulis).
- Confort:

Un bon confort est obtenu en limitant au maximum l'ensemble des déplacements de la caisse, vertical Z_{caisse} et angulaire θ_{caisse} et celle de roulis φ_{caisse} .et de même pour les accélérations, vertical $\ddot{Z}_{caisse}$, et angulaires $\ddot{\theta}_{caisse}$ et $\ddot{\varphi}_{caisse}$.

- Tenue de route:

On cherche à minimiser au maximum la somme des écarts pour les quatre roues.

$$J_s = \min(\sum_T (Z_{ufr} - Z_{rfr}) + \sum_T (Z_{urr} - Z_{rrr}) + \sum_T (Z_{ufl} - Z_{rfl}) + \sum_T (Z_{url} - Z_{rrl})).$$

- Energie de commande : On cherche à minimiser au maximum des énergies sur les suspensions des quatre roues

$$J_u = \min(\sum_T |u_{fr}| + \sum_T |u_{fl}| + \sum_T |u_{rl}| + \sum_T |u_{rr}|)$$

b) Comparaison des valeurs des critères de performances:

- **Dos d'âne Ms=1500kg V=10km/h Complet**

Type de commande Configuration	Mode glissant avec sign Centralisée $\varepsilon=10$	Mode glissant avec sign Centralisée $\varepsilon=15$	Mode glissant avec SAT centralisée $\varepsilon=10$	Mode glissant avec SAT centralisée $\varepsilon=15$	Mode glissant avec sign décentralisée $\varepsilon=10$	Mode glissant avec sign décentralisée $\varepsilon=15$	Mode glissant avec SAT décentralisée $\varepsilon=10$	Mode glissant avec SAT décentralisée $\varepsilon=15$	Passive
Confort avant Droite	7.9906e+003	1.2155e+004	7.004e+003	1.5231e+004	7.9348e+003	1.2271e+004	7.9348e+003	1.2271e+004	2.6104 e+004
Confort avant gauche	8.1859e+003	1.2847e+004	8.9837e+003	1.7846e+004	8.4628e+003	1.2655e+004	8.4628e+003	1.2655e+004	2.5848 e+004
Confort arrière droite	7.2488e+003	1.1669e+004	7.9394e+003	1.3148e+004	7.7022e+003	1.2137e+004	7.7022e+003	1.2137e+004	1.7130 e+004
Confort arrière gauche	8.12666e+003	1.1734e+004	8.9668e+003	2.0245e+004	8.2192e+003	1.2468e+004	8.2192e+003	1.2468e+004	1.7596 e+004
Confort CDG	7.1263e+003	1.0195e+004	6.2819e+003	1.0195e+004	7.4576e+003	1.0776e+004	7.4576e+003	1.0776e+004	1.4887 e+004
Confort tangage	4.8797e+003	6.4412e+004	4.8889e+003	6.4411e+003	4.4433e+003	6.5443e+003	4.4433e+003	6.5443e+003	1.1020 e+004
Confort roulis	1.4455e+003	1.5220e+003	1.5046e+003	1.5895e+003	810.4212	1.0905e+003	810.4212	1.0905e+003	1.8052 e+003
Tenue de route	139.1591	129.6548	138.2345	124.5321	147.5456	107.1910	147.5456	107.1910	151.0851
Energie de commande	37.9252	13.1487	19.4450	6.1889	20.4110	17.1134	8.9328	5.6895	

134

- **Dos d'âne ΔMs=400kg V=10km/h Complet**

Type de commande Configuration	Mode glissant avec sign Centralisée		Mode glissant avec SAT centralisée		Mode glissant avec sign décentralisée		Mode glissant avec SAT décentralisée		Passive
	$\varepsilon=10$	$\varepsilon=15$	$\varepsilon=10$	$\varepsilon=15$	$\varepsilon=10$	$\varepsilon=15$	$\varepsilon=10$	$\varepsilon=15$	
Confort avant Droite	7.5943e+003	1.2746e+004	7.5943e+003	1.2746e+004	8.2836e+003	1.2986e+004	8.2836e+003	1.2986e+004	2.6566 e+004
Confort avant gauche	8.2738e+003	1.3500e+004	8.3872e+003	1.5361e+004	8.8515e+003	1.3460e+004	8.8515e+003	1.3460e+004	2.6596 e+004
Confort arrière droite	7.9285e+003	1.2134e+004	7.9285e+003	1.2134e+004	7.9911e+003	1.2780e+004	7.9911e+003	1.2780e+004	1.6310 e+004
Confort arrière gauche	8.3512e+003	1.2273e+004	8.4532e+003	1.383e+004	8.5284e+003	1.3031e+004	8.5284e+003	1.3031e+004	2.6428 e+004
Confort CDG	7.3579e+003	1.0727e+004	7.3667e+003	1.0727e+004	7.7618e+003	1.1365e+004	7.7618e+003	1.1365e+004	2.0597 e+004
Confort tangage	4.6500e+003	6.6048e+003	4.6155e+003	6.6048e+003	4.5545e+003	6.6874e+003	4.5545e+003	6.6874e+003	1.2813 e+004
Confort roulis	1.2091e+003	1.4967e+003	1.2947e+003	1.5271e+003	811.6584	1.0898e+003	811.6584	1.0898e+003	1.8052 e+003
Tenue de route	171.6610	145.7149	171.6606	146.6613	169.3000	119.7761	169.3000	119.7761	236.2023
Energie de commande	23.5174	13.6976	14.6832	8.6824	20.6203	16.8085	11.3984	5.7986	

- **Dos d'âne Ms=1500kg V=05km/h Complet**

Type de commande Configuration	Mode glissant avec sign Centralisée		Mode glissant avec SAT centralisée		Mode glissant avec sign décentralisée		Mode glissant avec SAT décentralisée		Passive
	$\varepsilon=10$	$\varepsilon=15$	$\varepsilon=10$	$\varepsilon=15$	$\varepsilon=10$	$\varepsilon=15$	$\varepsilon=10$	$\varepsilon=15$	
Confort avant Droite	4,8213e+003	6,3780e+003	4,9075e+003	6,1879e+003	4,9218e+003	6,4313e+003	4,9218e+003	6,4313e+003	1,4542 e+004
Confort avant gauche	5,3415e+003	6,6495e+003	5,3415e+003	6,6495e+003	6,2235e+003	7,1130e+003	6,2235e+003	7,1130e+003	1,4853 e+004
Confort arrière droite	4,4433+003	5,9553e+003	4,4433+003	5,9553e+003	5,9050+003	6,2350e+003	5,9050+003	6,2350e+003	1,2884 e+004
Confort arrière gauche	5,1320+003	5,9553e+003	5,1320+003	5,9553e+003	5,5341+003	6,9930e+003	5,5341+003	6,9930e+003	1,2763 e+004
Confort CDG	3,9981e+003	5,2230e+003	3,9981e+003	5,2230e+003	4,4484e+003	5,5487e+003	4,4484e+003	5,5487e+003	1,1714 e+004
Confort tangage	2,8382e+003	3,3193e+003	2,8382e+003	3,3193e+003	2,3161e+003	3,3552e+003	2,3161e+003	3,3552e+003	6,0442 e+003
Confort roulis	771,48	805,0349	771,48	813,0874	561,3252	434,2803	561,3252	434,2803	913,5121
Tenue de route	169,5362	109,5120	161,39	108,4913	167,2963	109,5230	167,2963	109,5230	213,2666
Energie de commande	18,3051	12,3431	9,3680	6,3240	16,9207	9,9617	10,5531	5,5516	

CONCLUSION GENERALE

Dans ce travail, une étude complète a été réalisée sur la modélisation et la commande d'une suspension active de véhicule par mode de glissement.
Les travaux ont été réalisés en quatre phases principales.

Dans un premier temps, nous avons vu suivant l'apport de l'énergie les différents types de suspension et on a étudié et représenté sous forme d'état les différents modèles verticaux linéaires (modèle du quart de véhicule, modèle du demi véhicule, modèle du véhicule complet), Par la suite les modèles non linéaires qui nous rapproche plus de la réalité. Ceci nous a conduits à introduire la dynamique de l'actionneur, ainsi que la variation des différents angles.

Dans une deuxième étape, on a cité l'aspect théorique de la commande par mode de glissement, d'où dérouleront les fondements de bases, Nous avons ensuite discuté du phénomène de CHATTERING est les solutions prises pour la diminution de son effet.

La troisième étape, une commande centralisée par mode de glissement a été conçue pour les différents modèles de véhicule (demi, complet), nous avons introduit la technique backstepping dans la synthèsepour l'obtention des surfaces de glissement offrant ainsi une flexibilité pour commander la convergence de l'erreur vers Zéro.

Le contrôleur que nous avons conçu a réussi à stabiliser le mouvement vertical et angulaire de la carrosserie de la voiture face aux différentes perturbations de la route (dos d'âne, trottoir) et réduire les agitations transmises aux passagers, deux essais de simulation ont été faits : le premier, en utilisant une variation de la masse suspendue, le second et le changement de la vitesse de la voiture, avec utilisation du filtre linéaire.
Les résultats obtenus affirment la robustesse du régulateur par mode de glissement, et une amélioration par rapport à la suspension passive.

Pour la Quatrième étape, Nous avons décomposé le système global pour demi-véhicule en deux sous systèmes et le système complet en quatre sous système. Afin d'avoir une structure de commande décentralisée, chaque sous système est commandé indépendamment des autres sous système.

On remarque les mêmes interprétations en ce qui concerne le confort et la sécurité,
Pour les deux commandes (centralisée,décentralisée),tout en donnant des résultats intéressants dans la réduction du mouvement vertical de la voiture , a généré un signal de commande à forte amplitude impliquant des oscillations à hautes fréquences . Ceci peut éventuellement endommager les composants hydrauliques en particulier la servovalve
Pour cela on a utilisé la commande adoucie.

L'utilisation du filtre linéaire et le choix d'ε permet d'assurer une commande globale de la suspension et un très bon compromis entre le confort et la tenue de route.
On remarque l'Amélioration des performances du confort par rapport au passive avec une configuration d'ε petit.
L'amélioration des performances de la sécurité par rapport au passive avec ε grand.
Les deux commandes (centralisée –décentralisée) ont donné les mêmes résultats (confort ,tenue de route).
La commande décentralisée exige moins de calcul par rapport à la commande centralisée.
Pour l'amélioration de ce travail, on peut utiliser à l'avenir :
- un filtre non linéaire.
- On prend en considération les dynamiques négligées, telles que les dynamiques latérales et longitudinales du pneu.
- Réalisation pratique de la commande de la suspension active.

BIBLIOGRAPHIES

[1]Leite VJS and PLD peres (2002) « Robust pole location for an active suspension quarter-car model through parameter depend control , proceedings of the 2002 IEEE international conference.

[2]Abdellahi ED Mehdi and M Saad (2000) "suspension system byet $H\infty$ and mixed $H2/H\infty$,and control conference , jun 2000 Chicago USA.

[3]Ando.y And Msuzuki (1996)"control of active suspension system using the singular perturbation method "control engineering practice 4(3):287-293.

[4]FialhoI.andJ.Balas (2002) "Road adaptive active suspension design using linear parameter-varying gain-sheduling'control system technologyIEEE transactions on 10(1) :43-54

[5] Jung-Shan Lin and IoannisKanellakopoulos."Nonlinear Design of Active Suspensions",IEEE control systems magazine, vol. 17,pp. 45-49. Decembre 1995

[6]Damien Sammier. "Sur la modélisation et la commande de suspension de véhicules
automobiles",Thèse de doctorat, Institut National polytechnique de Grenoble nov. 2001.
[7]Ali M. Amani, Ali k. Sedigh, M.J. Yazdanpanah. "A QFT Approach to Robust control of Automobiles Active Suspension, 5th Asian control Conference, pp. 604-610, IEEE 2004.

[8] Yahaya M. Sam and Johari H.S. Osman. "Robust Controller for Active Suspension with Hydraulic Dynamics", 5th Asian control conference,pp. 598- 603

[9]Andrew J .Barr , Dr. Jeffrey L.Ray. "Control of an active suspension using fuzzy logic",0-7803-3645-3, IEEE 1996.

[10]Mehdi Farahmand. "Design of fuzzy logic and optimal control to an automative active suspension system". The first international conference on control and automation ICCA, pp. 688-692, 10-12 June 2003, Montreal, Cannada.

[11]J. Campos1, L. Davis, F. L Lewis, S. Ikenaga, S. Scully, and M. Evans. "Active Suspension Control of Ground Vehicle Heave and Pitch Motions",to appear in the 7th IEEE Mediterranean conference on controland automation , june 1999.

[12]Chakchoukh Yacine. "Modélisation et commande par logique floue d'une suspension active d'un véhicule" . PFE ENP d'Alger 2004

[13] KadourBenyoucef « commandes Intelligentes d'un Système de Suspension Active de Véhicules » thèse de magister Université de MEDEA

[14]Moussousyounes. "Modélisation et commande de suspension active par réseaux de neurones". PFE ENP d'Alger 2004

[15]Bouazzounitoufik& Henni mostefa A/aziz."Modélisation linéaire et non linéaire, et commande par backstepping et logique floue d'un système de suspension active de véhicule". PFE ENP d'Alger 2004.

[16]Mounir Kara-zaitri&NouarMesaoudi. "Commande neuro-Floue d'une suspension active de véhicule". PFE ENP d'Alger 2006.

[17]Boukhalkhalabdelouahab&Hachemiahmedadel. "Commande par mode de glissement d'une suspension active d'un véhicule". PFE ENP d'Alger 2006.

[18] Claude Kaddiddi "Commande nonlineaire et différentiable d'un système electrohydraulique» thèse pour l'obtention du Doctorat en Génie phD ,2008 Montréal.

[19] eMerrit "Hydraulic control systems " book 1967

[20]v. I. UTKIN : "Sliding modes and their application in variable structure systems" ,Edition MIR, Moscou, 1978

[21]J.J. Slotine, "sliding controller design for nonlinear system", I. J. C. Vol.4,N°2,pp.421-434,1984.

[22]w.Gaoj.c.Hung "variable structure control system" , IEEE trans.IdustApplicvol 40 N°1 pp45-45,1993

[23]CHARLES E.HALL "Sliding mode control of a reusable Launch vehicle using sliding mode observers and gain adaptation" submitted in partial fulfillment of degree of master of the university of Alabama in Huntsville 2004.

[24]IoanUrsu, Felicia Ursu , Tudor Sireteanu " On anti-chattering synthesis for active and semi-active suspension systems" Bucharest, Romania.

[25]Louis nicolas Paquin "Application du backstepping à une colonne de flottation" Mémoire présentéà la Faculté des études supérieuresde l'université Laval pour l'obtention du grade de maître ès sciences (MSc.) JUILLET 2000.

[26]H.Bouadi,M.Bouchoucha ,and M.Tadjine" Sliding mode control based on backsteppingApproch for an UAV type –Quadrotor"Proceedings of world academy of science ,Engineering and technology volume april 2007.

[27] Samir Bouabdallah and rolandSiegward " Backstepping and sliding –mode Techniques Applied to an Indoor Micro Quardrotor" Proceeding of the 2005 IEEE International conference on robotics and automatisation Barcelona ,Spain 2005.

[28]NurkanYagiz _, YukselHacioglu "Backstepping control of a vehicle with active suspensions"Control Engineering Practice ,Department of Mechanical Engineering, Faculty of Engineering, Istanbul University, 34320 Avcilar, Istanbul, Turkey.

[29] AbderRezakBenaskeur, "Aspects de l'application du backstepping adaptatif à la commande décentralisée des systèmes non linéaires" thème présentée à la faculté des études supérieures de l'université de lavalfevrier 2000

[30] Dae Sung Joo "Sliding mode Neural Network Inference logic controller of Nonlinear Active Suspension System" a dissertation submitted in partial Fulfillement of the requirements for the degreeof doctor engineering in the graduate School of the university of Detroit Mercy 1999

[31] H. Liu "Hybrid control of real vehicle semi-active suspensions"
278 Int. J. Vehicle Systems Modelling and Testing, Vol. 1, No. 4, 2006
Chiba University, Japan

[32] S. Aubouet1 _ O. Sename2 _ B. Talon _ C. Poussot-Vassal _L. Dugard _
"Performance analysis and simulation of a new industrial semi-active damper"
Proceedings of the 17th World CongressThe International Federation of Automatic ControlSeoul, Korea, July 6-11, 2008

[33] Samuel Gosselin –Brisson "Etude d'un système de contrôle pour suspension automobile" université de Québec Avril 2006

[34] Mark D. Donahue "Implementation of an Active Suspension, Preview Controller for Improved Ride Comfort" in partial satisfaction of the requirements for the degree of Master of Science, Plan II The University of California at Berkeley April 2001

[35] M.Khemliche ,I.Dif,S.LatrecheandOuldBoumama "Modelling and analysis of an active suspension ¼ of vehicule with bond graph

[36] R. guclu and n. yagiz"Comparison of different control strategies on avehicle using sliding mode control"
Iranian Journal of Science & Technology, Transaction B, Vol. 28, No. B4
Shiraz University The Islamic Republic of Iran, 2004

[37] KayhanGulez a,*, RahmiGuclu b, "CBA-neural network control of a non-linear full vehicle model"University, Electrical-Electronics Engineering Faculty, Besiktas, Istanbul, Turkey 2008

[38] IkbalEski, S_ahinYıldırım "Vibration control of vehicle active suspension system using a newrobust neural network control system"
Erciyes University, Faculty of Engineering, Mechanical Engineering Department, Talas , , Turkey

[39] Yahaya Md. Sam* and KhisbullahHudha "pi/pismc control of hydraulically actuated active suspension system" Faculty of Electrical Engineering , Malaysia. 2002

[40] F. Basile, P. Chiacchio, and D. Del Grosso "IMPLEMENTATION OF HYDRAULIC SERVO CONTROLLERS WITH ONLY POSITION MEASURE
International Journal of Robotics and Automation, Vol. 24, No. 1, 2009

[41] PonesitSanthanapipatkul,WatcharapongKhovidhungij
"Nonlinear controller design foractive suspension systems using theimmersion and invariance method" 2005

[42] Ali J. Koshkouei and Keith J. Burnham " Fuzzy Sliding Mode Controllers for Vehicle Active Suspensions"Control Theory and Applications Centre, CoventryUniversity, Coventry CV1 5FB

[43]Xiaoming shen1 and hueipeng"Analysis of Active Suspension Systems with Hydraulic Actuators" Proceedings of the 2003 IAVSD conference, Atsugi, Japan, August 2003.

[44] Martin Beaudoin "Pilotage d'un mécanisme mobile à ma base d'une commande à structure variable" Pour l'obtention du grade de maitre en sciences université de Laval Février 2003

[45]Rongxu, b.s., m.s.optimal"sliding mode control andstabilization of underactuated systems" Dissertationpresented in partial fulment of the requirements forthe degree doctor of philosophy in thegraduate school of the ohio state university 2007

[46]Hamid Allamehzadeh"Design and stability analysis of a sliding Mode Fuzzy Controller" A dissertation submitted to the faculty of the graduate Faculty of Oklamoma .1996

ملخص

نهدف من خلال مشروعنا إلى دراسة وتصميم منظم مركزي ولا مركزي عن طريق النمط الإنزلاقي ، لنماذج ربع ونصف(نوع الدراجة) ، ونموذج كامل للسيارة.
وقد اختير سطح الانزلاق بباك ستيبينغ.
وتتمثل الأهداففي تحسين النمط الاهتزازي لتعليق نشط ، والحد من التسارع العموديوالانعطافي وضمان حلا توافقيا بين ألاريحية وثبات العجلة على الطريق.

مفتاح الكلمات :منظم مركزي ,لا مركزي ,النمط الإنزلاقي ,الباكستيبنغ.

Résumé

Notre projet consiste à l'étude et la conception d'un régulateur centralisé et décentralisé par mode de glissement, pour les modèles quart, demi (type bicyclette) et modèle completpour véhicule.
La surface de glissement a été choisie par le backstepping .
Les objectifs visent à améliorer le comportement vibratoire d'une suspension active, en réduisant son accélération verticale et angulaire garantissant un compromis entre le confort et la tenue de route.

Mots clés :ööRégulateur centralisé ,Décentralisé ,Mode de glissement , Backstepping.

Abstract

Our project aims to study and design a regulator centralized and decentralized sliding mode for models quarter, half (bicycle type) and complete model for car. The sliding surface has been chosen by the backstepping. The objectives are to improve the dynamic behavior of an active suspension, reducing the vertical acceleration and angular guaranteeing a compromise between comfort and handling.

Keywords :Regulator centralized ,Décentralized ,Sliding mode ,Backstepping.

I want morebooks!

Buy your books fast and straightforward online - at one of world's fastest growing online book stores! Environmentally sound due to Print-on-Demand technologies.

Buy your books online at
www.morebooks.shop

Achetez vos livres en ligne, vite et bien, sur l'une des librairies en ligne les plus performantes au monde!
En protégeant nos ressources et notre environnement grâce à l'impression à la demande.

La librairie en ligne pour acheter plus vite
www.morebooks.shop

KS OmniScriptum Publishing
Brivibas gatve 197
LV-1039 Riga, Latvia
Telefax: +371 686 204 55

info@omniscriptum.com
www.omniscriptum.com

Printed by Books on Demand GmbH, Norderstedt / Germany